Harald Grundner
Wertanalyse

Bibliografische Information der Deutschen Nationalbibliothek:

Die Deutsche Nationalbibliothek verzeichnet diese Publikation in der Deutschen Nationalbibliografie; detaillierte bibliografische Daten sind im Internet über http://dnb.dnb.de abrufbar.

© 2013 Harald Grundner

Illustration: Harald Grundner

Herstellung und Verlag: BoD – Books on Demand GmbH, Norderstedt

Kleingedrucktes:
Alle Rechte, insbesondere das Recht der Vervielfältigung und Verbreitung sowie der Übersetzung vorbehalten. Kein Teil des Werkes darf in irgend einer Form (durch Fotokopie, Mikrofilm oder ein anderes Verfahren) ohne schriftliche Genehmigung des Verlages reproduziert oder unter Verwendung elektronischer Systeme verarbeitet oder verbreitet werden.

Alle in dieser Veröffentlichung enthaltenen Angaben, Ergebnisse usw. wurden vom Autor nach bestem Wissen erstellt und von unbeteiligten Fachleuten mit größtmöglicher Sorgfalt überprüft. Gleichwohl sind inhaltliche Fehler nicht vollständig auszuschließen. Daher erfolgen alle Angaben ohne jegliche Verpflichtung oder Garantie des Verlages oder des Autors. Sie garantieren oder haften nicht für etwaige inhaltliche Unrichtigkeiten (Produkthaftungsausschluss).

Printed in Germany

ISBN: 978-3-7322-4112-5

Inhaltsverzeichnis

Von der Wertanalyse zum Value Management — 5

Die 6 Erfolgsbausteine der Wertanalyse — 7

Definition Wert — 13

Vom systematischen Denkprozess zum Wertanalyse Arbeitsplan — 15

Der Wertanalyse Arbeitsplan /Wertanalyse Prozess — 18

Die 10 Schritte des Wertanalyse Arbeitsplans nach DIN EN 12 973 — 20

Definitionen in der Methode Wertanalyse — 67

Das neue Prozessmodell zur Entwicklung von Leistungen – der PEP-VR© — 73

Wertanalyse im Produktlebenszyklus — 80

Von Kundenforderungen zu Lösungen — 93

Wertanalyse und Prozesse im **PEP**-*VR*© — 86

Rollen in der Wertanalyse — 89

Benötigte Kompetenzen in der Wertanalyse — 92

Methoden in der Wertanalyse und deren Lokalisierung — 100

Werkzeuge zur Unterstützung und Ergänzung der Wertanalyse Methoden — 112

Wertanalyse anwenden – Vorgehen, Aufwand, und Ergebnisse	120
Wertanalyse-Ausbildung nach DIN EN 12 973 und Wert für Europa	123
Verzeichnis der Abbildungen	128
Literaturverzeichnis	130
Bücher des Autors	130
Persönliche Referenzen von InnoVAVE-Harald Grundner	131

Von der Wertanalyse zum Value Management

Definition Wertanalyse (WA) im Wandel

- **Die Methode** (1965)
Eine organisierte Anstrengung, die Wirkungen eines Produkts mit den niedrigsten Kosten zu erstellen, ohne die erforderliche Qualität, Zuverlässigkeit und Marktfähigkeit des Produktes negativ zu beeinflussen.
                                                Lawrence (Larry) D. Miles

- ***Das System Wertanalyse** (1973 /1987) DIN 69 910*
Wertanalyse ist ein System zur Lösung komplexer Probleme die nicht oder nicht vollständig algorithmierbar sind. Sie beinhaltet das Zusammenwirken der Systemelemente
    Methodik Verhaltensweisen Management
bei deren gleichzeitiger Beeinflussung mit dem Ziel einer Optimierung des Ergebnisses.

- ***Der Managementstil "Value Management"** (2000) DIN EN 12 973, EN 1325-1*
Value Management ist ein Managementstil, der besonders geeignet ist, Menschen zu mobilisieren, Fähigkeiten zu entwickeln sowie Synergien und Innovation zu fördern, jeweils mit dem Ziel, die Gesamtleistung einer Organisation zu maximieren. VM stellt das Wertkonzept in den Mittelpunkt.

Wertanalyse (Value Analysis) wurde als Methode zur Kostengestaltung von Larry D. Miles entwickelt und 1965 am ersten SAVE (Society of American Value Engineers) Kongresses in New York der breiten Öffentlichkeit präsentiert. Anfang der 1970er Jahre war Wertanalyse in der deutschen Industrie eingeführt, sodass 1973 die erste Richtlinie Wertanalyse VDI 2800 und 1987 diese in überarbeiteter Form erschien. Die *Methode Wertanalyse* wurde zum *System Wertanalyse erweitert*.

Mit dem Ziel, die Wettbewerbsfähigkeit europäischer Unternehmen zu stärken (Förderprogrammes EU) wurde *Value Management* als europaweit einheitliche *Management-Philosophie* erarbeitet, in der die Methode Wertanalyse die zu bevorzugende Methode darstellt. DIN EN 12 973 2000-05 und das Handbuch Wert für Europa bilden die Basis für die Umsetzung, Anwendung und Verbreitung.

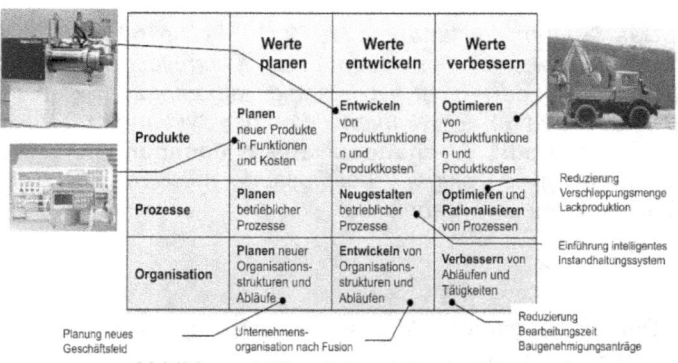

Abbildung 1 *Einsatzbereiche der Wertanalyse*

Die 6 Erfolgsbausteine der Wertanalyse

- **360° Denkweise**
  Die Kombination aus *Wertanalyse-* und **PEP-VR**© Prozessmodell integriert
    - horizontal
      alle kunden- und marktrelevanten Aspekte von den Anforderungen der Kunden-/ Anspruchsgruppen bis zu Anforderungen erwachsend aus der Entsorgung des Produktes.
    - vertikal
      alle Unternehmensbereiche, repräsentiert durch die entsprechende Rolle vom Anforderungsmanager über die Konzeptverantwortlichen bis zum Zielemanager in den Entwicklungsprozess.

Vorgehen
10 Schritte des Wertanalyse Arbeitsplanes beginnend mit *Schritt 0 Projekt vorbereiten* bis *Schritt 9 Lösung realisieren* kombiniert und ergänzt mit Inhalten des **PEP-VR**©.

Effekte
Durch die 360° Denkweise und aufbauend darauf, die Formulierung von 360°-Zielen sind multiple Effekte realisierbar.
- Steigerung der Produkt- und Prozessqualität bei gleichzeitiger Reduzierung der Produktkosten.
- Reduzierung der Time-to-market durch Vermeidung ungeplanter Ertüchtigungsschleifen.
- Reduzierung der Projektkosten durch ergebnisorientierten Einsatz von Innovationen, Baukästen (Produkt, Prozess) und Standards.

- **Eigenschaften**
Eigenschaft in der Entwicklung/ Optimierung von Produkten bezeichnet allgemein das (die), zur Erfüllung einer spezifischen oder mehrerer Kundenanforderungen realisierte Merkmal/ Funktion.
Das Produkteprogramm eines Unternehmens ist in der Regel überschaubar, die Anzahl der dazu benötigten Eigenschaften beherrschbar.

Vorgehen
Denken in Eigenschaften erfordert den
- Umdenkprozess von Lösungen (*WIE?*-Orientierung) zu Eigenschaften (*WAS?*-Orientierung) anzustoßen.

Das Nutzen von Eigenschaften ermöglicht die
- Definition und
Ausgestaltung von Baukästen.
- Festlegung von Standards.

Effekte
Durch das Denken in Eigenschaften
o wird der Lösungsfreiraum gesteigert.
o werden kundenrelevante Innovationen gefördert.
o wird das Customizing durch gezielte Kombination von Eigenschaften unterstützt.
o wird die Schnelligkeit durch Nutzung von auf Eigenschaften basierten Baukästen erhöht.

- **Vernetzung von Wissen**
  Gezielte Integration der *Wertanalyse* in ein Geflecht von externen und internen Beziehungen mit dem Ziel, rasch an Informationen und Daten zu benötigten Themen zu gelangen um fundiert Entscheidungen treffen, Kundennutzen entwickeln und Risiken vom Projekt/ Unternehmen fernhalten zu können.

Vorgehen
Mehrstufiges Vorgehen zur Entwicklung des Projekt-Netzwerks
- Erkennen, Bewerten und Entscheiden der projektrelevanten Anspruchsgruppen und Know How -Träger
- Schaffen einer Kommunikationsstruktur und -plattform
- Aufbau und Vernetzen von
  o externem Netz – *Kunden- und Anwendungswissen* und
  o internem Netz - *Entwicklungs-, Verifizierungs-, Validierungswissen*
- Intensive Vernetzung von Entwicklungs- und Verifizierungs-, Validierungswissen bereits mit Beginn der Projektarbeit – Voraussetzung: tragfähige Simulationsmodelle

Effekte
Effekte, welche durch die Vernetzung von Wissen realisierbar sind:
o Reduzierung der für die Entwicklung von Produkten benötigten Ressourcen.
o Reduzierung der Time-to-market durch hohe Wissensdichte und deren zeitnahe Nutzung.
o Steigerung der Kundenzufriedenheit und Qualität der Produkte.
o Optimierung des Ressourceneinsatzes durch Erhöhung der „Trefferquote" und Vermeidung von Risiken und Rekursionsschleifen.

- **Innovation**
Innovation ist grundsätzlich etwas "Neues": neue Produkte, neue Prozesse,... Die Neuartigkeit, die sich gegenüber dem vorangegangenen Zustand merklich unterscheidet, muss wahrgenommen werden und besteht darin, dass Zweck und Mittel in einer bisher nicht bekannten Form miteinander verknüpft werden. Diese Verknüpfung muss sich im Markt oder innerbetrieblich (wirtschaftlich) bewähren.
(Jürgen Hauschildt, Sören Salomo: *Innovationsmanagement*, 4. Auflage, München 2007)

Vorgehen
Erfolgreich Innovationen im Entwicklungs- bzw Verbesserungsprozess zu nutzen und in diesen zu implementieren, erfordert gezieltes Vorgehen bei deren Generierung, Auswahl und der Entscheidung über deren Verwendung.

Effekte
Durch die gesteuerte Generierung und gezielte Nutzung von Innovationen werden multiple Effekte erzielt:
o Steigerung der Ideenquantität und Innovationsqualität
o Steuerung der Innovationshöhe der zu entwickelnden Leistung entsprechend den Anforderungen der Kunden
o Reduzierung von Aufwand (Zeit, Ressourcen) im Entwicklungsprozess
o Reduzierung des Risikos durch den gezielten Einsatz ausgewerteter Ideen-Pools und bewerteter Innovationen.

- **Ressourcen, Rollen, Fähigkeiten**
Die erfolgreiche Anwendung der *Wertanalyse* erfordert, dass alle direkt oder indirekt damit befassten Personen bereit sind, durch ihr Verhalten diese zu fördern und zum Erreichen der Ziele beizutragen.

Voraussetzungen
Erfolgreiche Anwendung der *Wertanalyse* setzt Veränderung der Verhaltensweise (Change-Prozess) voraus. Das bedeutet
- das Rollenmodell als Ersatz für das Abteilungsmodell einzuführen.
- Rollen mit Aufgaben, Kompetenzen und Verantwortung zu definieren.
- Rollenverantwortliche auszuwählen und diese zu befähigen.
- den Rollenzuschnitt und die Anforderungen nach Lessons Learned (LeLe) zu redesignen.

Effekte
Die Veränderung der Verhaltensweise auf allen Unternehmensebenen und die Nutzung von Fähigkeiten führt zur
o Reduzierung der in der Organisation benötigten Ressourcen (Zeit, Personal).
o Verringerung von Verschwendung.
o Reduzierung der „Scheinleistung".
o Steigerung der Kundenzufriedenheit und der Identifikation der Mitarbeitenden mit Unternehmen und Leistungen.

- **Normierter Prozess und Ausbildungssystem**
Der Unternehmensalltag erfordert Flexibilität mit Standard. *Wertanalyse* erfüllt dies Anforderung in dem standardisierte Prozesse den spezifischen Anforderungen der jeweiligen Aufgabenstellung angepasst werden können.

- **Voraussetzungen**
Erfolgreiche Anwendung der *Wertanalyse* setzt Veränderungen in der Projektbearbeitung voraus. Das bedeutet
  - die Akzeptanz der Methode Wertanalyse als die Leitmethode im **PEP-***VR*$^{©}$
  - das Denken in Eigenschaften und Funktionen
  - das schrittweise Vorgehen nach einem definierten Arbeitsplan/ Prozess
  - Bearbeitungsinhalte und Bearbeitungstiefe aufgabenspezifisch festzulegen basierend auf dem Standard-Wertanalyse Arbeitsplan

  Erfolgreiche Anwendung der Wertanalyse bedeutet auch
  - Ausbildung nach einem standardisierten Ausbildungsplan (DIN EN 12 973, Wert für Europa),
  - Tailoring der Ausbildung mit unternehmensspezifischen Inhalten und Beispielen.

Effekte
Der normierte, aufgabenspezifisch gestaltbare Prozess und die standardisierte Ausbildung führt zu
  - permanentem Überblick über den Stand des Projektes.
  - Kenntnis über Möglichkeiten und Schritte bei nicht erreichen eines Teilergebnisses in geforderter Güte.
  - gleicher Sprache und Denkweise im Arbeitsteam und Unternehmen.
  - Akzeptanz und friktionsarmer Umsetzung der erarbeiteten Lösung durch das erzeugte „Wir"-Gefühl.

Definition WERT

$$\text{Wert } \alpha \; \frac{\textit{Befriedigung von Bedürfnissen}}{\textit{Einsatz von Ressourcen}}$$

Abbildung 2 Definition WERT

Wert

Der Wert ist nicht absolut, sondern relativ und wird sehr oft von verschiedenen Beteiligten in verschiedenen Situationen unterschiedlich gesehen.

- **Wert bedeutet für den Kunden**,
  das Ausmaß, zu dem das Angebot die Erwartungen/ Bedürfnisse erfüllt, im Verhältnis zu dem Einsatz an Ressourcen/ dem Betrag, der, für den Erwerb oder die Nutzung des Produktes oder der Dienstleistung zu entrichten ist.
  Der Kunde ermittelt den relativen Wert durch Vergleich mit
    - Wettbewerbsprodukten (Produkt-Benchmarking)
    - alternativen Leistungen
    - einem subjektiv gebildeten Idealzustand

- **Wert bedeutet für den Anbieter**
  das Verhältnis von Ressourceneinsatz der betrieben werden muss, um die Erwartungen/Bedürfnisse der Kunden zu erfüllen.

Das Erreichen eines optimalen Wertes erfordert im Allgemeinen das Abwägen miteinander in Konflikt stehender Parameter.

Vom systematischen Denkprozess zum Wertanalyse-Arbeitsplan

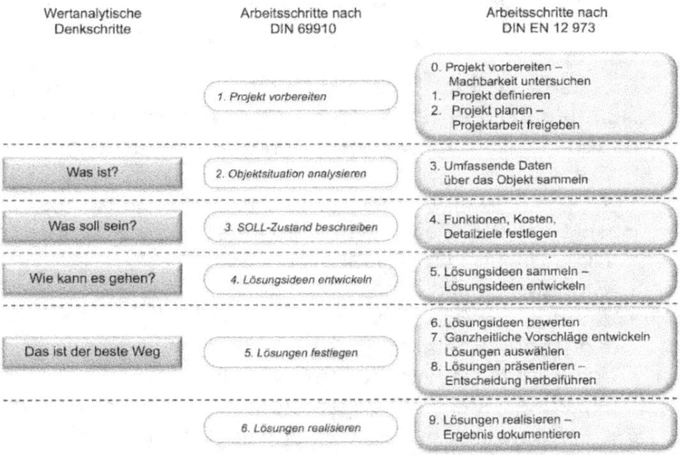

Wertanalytische Denkschritte	Arbeitsschritte nach DIN 69910	Arbeitsschritte nach DIN EN 12 973
	1. Projekt vorbereiten	0. Projekt vorbereiten – Machbarkeit untersuchen 1. Projekt definieren 2. Projekt planen – Projektarbeit freigeben
Was ist?	2. Objektsituation analysieren	3. Umfassende Daten über das Objekt sammeln
Was soll sein?	3. SOLL-Zustand beschreiben	4. Funktionen, Kosten, Detailziele festlegen
Wie kann es gehen?	4. Lösungsideen entwickeln	5. Lösungsideen sammeln – Lösungsideen entwickeln
Das ist der beste Weg	5. Lösungen festlegen	6. Lösungsideen bewerten 7. Ganzheitliche Vorschläge entwickeln Lösungen auswählen 8. Lösungen präsentieren – Entscheidung herbeiführen
	6. Lösungen realisieren	9. Lösungen realisieren – Ergebnis dokumentieren

Abbildung 3 Vom systematischen Denkprozess zum WA-Arbeitsplan (DIN 69 910, DIN EN 12 973)

- **Wertanalyse (WA) – ein Kurzportrait**
  - Ziel
    Die den Anforderungen entsprechende optimierte Leistung - materielles (Maschine) oder immaterielles (Software) Produkt, Prozess oder Hybrid.
  - Vorgehen
    Arbeitsplan mit 10 (Grund-)Schritten, mit einem organisierten und kreativen Ansatz, integriert in den funktionenorientierten und wirtschaftlichen Gestaltungs- Prozess.
    Entsprechend des Einsatzes im Produktlebenszyklus - Basis **PEP**-$VR^{©}$ siehe Seite 19, 73 ff - spricht man von:
    - Value Planing /Wert-Planung (WP)
    - (Strategie-, Initial-Phase)
    - Value Engineering /Wert-Gestaltung (WG)
      (Konzept – Bestätigung P&P)
    - Value Analysis /Wert-Verbesserung (WV)
      (Nutzungs-/Vermarktungsperiode).

    Der Schwerpunkt der Anwendung liegt im Bereich des Ziele-Entwicklungs-Prozess, im Produkt-Bestätigungs- Prozess wird bei Bedarf steuernd eingegriffen.

Schritt 1	Aufgabenstellung, Projekt und Sinnhaftigkeit des Einsatzes der Methode VA-VE entscheiden (Grundschritt - GS 0)
Schritt 2	Projekt in Umfang, Ablauf und die benötigte Projektorganisation planen (GS 1- 2)
Schritt 3	Daten externer und interner Anspruchsgruppen sammeln, auswerten und zu Detailzielen verdichten (GS 3 - 4)
Schritt 4	Lösungsideen sammeln, erarbeiten, kombinieren; abgetrennt davon bewerten und Lösungsansätze formen (GS 5 – 6)
Schritt 5	Lösungsansätze ausarbeiten, auswählen und Entscheidung zu deren Realisierung herbeiführen (GS 7 – 8)
Schritt 6	Umsetzung der Entscheidung begleiten (GS 9)

- Arbeitsform
  interdisziplinäre Teamarbeit; sinnvoll ist die situative Einbindung von Anspruchsgruppen

- Ergebnis
  Das optimierte Verhältnis aus Leistung (Produkt, Dienstleistung, Prozess, Hybrid), und dem dafür zu leistenden Aufwand (Preis, Investition, Lebens-Zyklus-Kosten, Ressourcen..) sowohl aus Sicht des Kunden /Nutzers als auch aus Sicht des Anbietenden.

Wertanalyse Arbeitsplan - WA Prozess

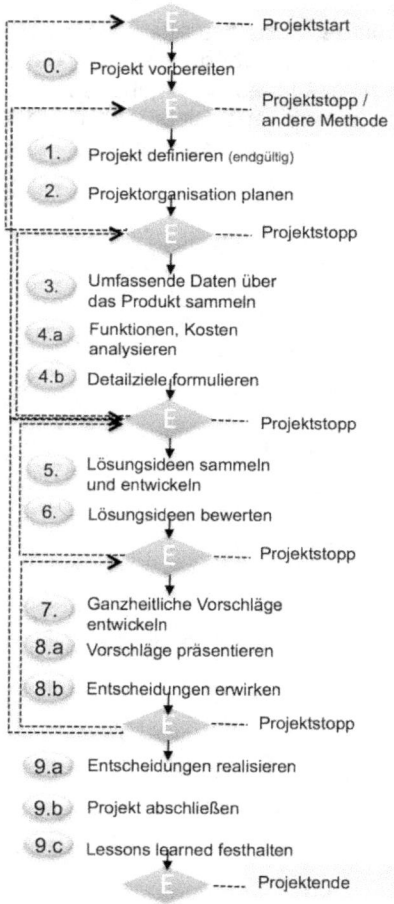

Abbildung 4 WA-Arbeitsplan DIN EN 12 973
mit Entscheidungspunkten und Iterationen

Wertanalyse Arbeitsplan

Der Wertanalyse Arbeitsplan ist eine konsequente Abfolge von Arbeitsschritten, welche den logischen Denkschritten entspricht. Diese Abfolge wird, zur Entscheidung über das weitere Vorgehen an markanten Stellen unterbrochen:

WA-Arbeitsplan (GS)   PEP-VR©
0. Projekt vorbereiten   *Strategiephase*
   - ➤ Projekt ja/ nein, Vorgehen und Methoden

1. Projekt definieren   *Initialphase*
2. Projekt planen
   - ➤ Projekt/ Entwicklung starten

3. Daten sammeln   *Konzeptphase*
4. Funktionen, Kosten
   Anforderungen formulieren
   - ❖ Vorgehen prüfen
5. Lösungsideen sammeln
   Lösungsideen erarbeiten
6. Lösungsideen bewerten
   - ➤ Arbeitsprogramm /Detaillierung entscheiden
   - **Vereinbarung Konzept,** *Lastenheft*

7. Vorschläge entwickeln   *Detaillierungsphase*
8. Vorschläge präsentieren
   - ➤ Realisierung entscheiden
   - **Vereinbarung Produkt**, *Pflichtenheft*

9. Realisierung unterstützen   *Erstellungsphase*
                                         Verifizierungsphase
                                         Validierungsphase
   Erfahrungen aufbereiten   *Nachbereitung, LELEs*
   - ➤ Produkt-, Prozessstabilität bestätigt
   - **Projektende**

Die einzelnen Schritte können bei Bedarf mehrfach durchlaufen werden bis die definierten Anforderungen erreicht sind.

Die 10 Schritte des Wertanalyse-Arbeitsplans nach EN 12 973

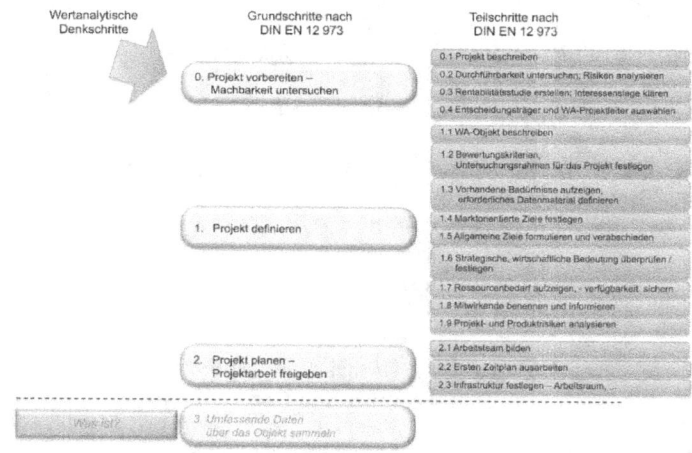

Abbildung 5 WA-Arbeitsplan - Grundschritt 0
Projekt vorbereiten

- **Grundschritt 0**
  Projekt vorbereiten – Machbarkeit untersuchen
  Die Vorbereitung des Projektes dient der Klärung, ob der Einsatz der Methode Wertanalyse als Lösungsmethode sinnvoll ist.

  - *Teilschritt 0.1* (Bearbeitung WP muss, WG muss, WV muss)
    Projekt beschreiben
    - *Ziel*
      Übersicht über alle relevanten Veränderungen schaffen, die Handlungsbedarf signalisieren.

    - *Vorgehen*
      Zusammenfassen der aktuellen Markttrends, Gesetzesänderungen, Wettbewerbserkenntnisse, Standard-Anforderungen, Innovationen, ..., Schwachstellen, ...

    - *Ergebnis*
      Grobe Beschreibung der Aufgabe ausgeleitet aus den Erkenntnissen mit Handlungsprämissen und Vorgaben. Bewertung der Dringlichkeit des Handelns.

    - *Prozesse im* **PEP-VR**© *bsph.*
      Anforderungsentwicklung, K; Innovationsmanagement, A;

    - *Beteiligte Rollen bsph.*
      Auftraggeber/ Entscheider, 1; Std.-Anforderungsmanager, 2a; Innovationsmanager, 3; Leiter Fachabteilungen

    - *Methoden und Werkzeuge bsph.*
      Market research, E;
      Benchmark, I; Pareto-Analyse, II;

○ *Teilschritt 0.2* (Bearbeitung WP muss, WG, WV nach Bedarf)
Durchführbarkeit des Projektes untersuchen – Risiken analysieren
- *Ziel*
Übersicht über den Handlungsbedarf, die Risiken (Prozess, Produkt, Projekt), die benötigten Ressourcen (Personen, Zeit) und deren Verfügbarkeit schaffen.

- *Vorgehen*
Unterschiedliche Szenarien zur Bewältigung des Handlungsbedarfes aus TS 0.1 erstellen. Die mit der Bearbeitung verbundenen Risiken aufzeigen und bewerten. Das Erfolg versprechende Szenario mit hohem Wertquotient auswählen. Basierend auf dem Ergebnis die benötigten Ressourcen festlegen und deren Verfügbarkeit prüfen.

- *Ergebnis*
Kenntnis der Durchführbarkeit des Projektes, der damit verknüpften Risiken und der Verfügbarkeit der benötigten Ressourcen. Kenntnis der Wertquotienten IST-Wettbewerb-SOLL

- *Prozesse im **PEP-VR$^©$** bsph.*
Anforderungsentwicklung, K; Projektmanagement Fortg., F;

- *Beteiligte Rollen bsph.*
Std.-Anforderungsmanager, 2a; Leiter Fachabteilungen

- *Methoden und Werkzeuge bsph.*
Market research, E; Risiko-/ Problemanalyse, O; Pareto-Analyse, II; Liste offener Punkte, XIV

- *Teilschritt 0.3* (Bearbeitung WP muss, WG, WV nach Bedarf)
  Rentabilitätsstudie erstellen – Interessen erkennen
  - *Ziel*
    Die Rentabilität (Wertigkeit) des ausgewählten Szenarios, die Anspruchsgruppen und deren Interessen zur Integration in das Projekt kennen.

  - *Vorgehen*
    Überprüfung der Rentabilität des gewählten Szenarios mit den Prämissen, Vorgaben und erarbeiteten Ergebnissen. Bei nachgewiesener Rentabilität, das Szenario in ein Projekt überführen. Ermitteln der relevanten Anspruchsgruppen, deren Interessen und Einbindung in das Projekt.

  - *Ergebnis*
    Entscheidungsvorlage mit Aussage zur Machbarkeit, Komplexität, Dringlichkeit und Wertigkeit des Projektes. Aufzeigen von relevanten Anspruchsgruppen um deren Integration in das Projekt zu entscheiden.

  - *Prozesse im* **PEP-VR**© *bsph.*
    Anforderungsentwicklung, K; Projektmanagement Fortg., F;

  - *Beteiligte Rollen bsph.*
    Std.-Anforderungsmanager, 2a; Leiter Fachabteilungen

  - *Methoden und Werkzeuge bsph.*
    Analyse der Anspruchsgruppen, D; Target Costing, J; Entscheidungsvorbereitung, ;
    Pareto-Analyse, II; Bewertung der Projektrentabilität, IV; Liste offener Punkte, XIV

- *Teilschritt 0.4* (Bearbeitung WP muss, WG muss, WV muss)
  Entscheidungsträger und WA-Projektleiter auswählen
  - *Ziel*
  Die Aufbauorganisation des Projektes und deren wichtigsten Rollen mit Aufgaben, Kompetenzen und Pflichten zur Entscheidung vorschlagen. Durch Zusammenfassen und Bewerten der Ergebnisse aus TS 0.1–TS 0.3 entscheiden ob Wertanalyse die für den Erfolg benötigte Methode ist.

  - *Vorgehen*
  Basierend auf der unternehmensinternen Festlegung zur Durchführung von WA-Projekten die Verantwortlichen auswählen und zur Entscheidung vorschlagen.

  - *Ergebnis*
  Entscheidungsvorlage aus TS 0.3 mit Angaben zur Aufbauorganisation, den Rollen und den diese ausführenden Personen erstellen und zur Entscheidung vorlegen. Wertanalyse als Leit-Methode des Projektes empfehlen.

  - *Prozesse im* **PEP-**$VR^{©}$ *bsph.*
  Anforderungsentwicklung, K; Projektmanagement Fortg., F;

  - *Beteiligte Rollen bsph.*
  Auftraggeber/ Entscheider, 1, Std.-Anforderungsmanager, 2a; Leiter Fachabteilungen

  - *Methoden und Werkzeuge bsph.*
  Projektauftrag, **;
  Liste offener Punkte, XIV

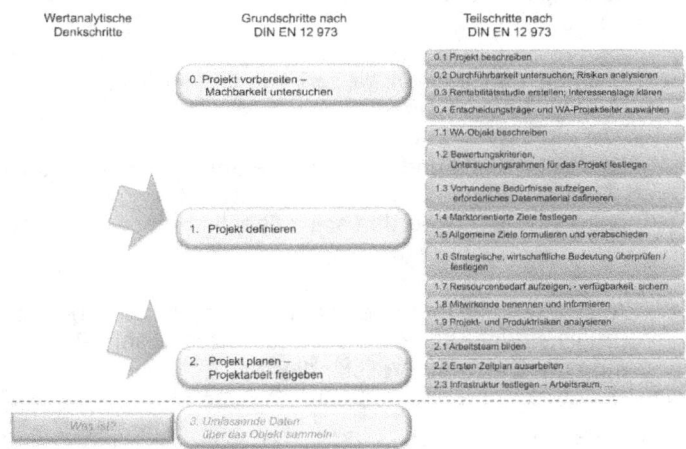

Abbildung 6 WA-Arbeitsplan - Grundschritt 1 und 2
Projekt definieren – Projekt planen

- **Grundschritt 1**
Projekt definieren
Für einen gesicherten Projektablauf und gute Ergebnisse ist eine eindeutig und klar formulierte Projektdefinition mit soweit möglich quantifizierten Bewertungskriterien eine Voraussetzung.

  o *Teilschritt 1.1* (Bearbeitung WP muss, WG muss, WV muss)
    WA-Objekt beschreiben
    - *Ziel*
    Das WA-Objekt und die Tiefe – Planung – Entwicklung - Optimierung in der Wertanalyse zur Lösung der Aufgabe eingesetzt werden soll zu bestimmen.

    - *Vorgehen*
    Auswerten alle im Projektauftrag enthalten Daten – Entscheidungen nach GS 0 und Ergänzungen. Prüfung der Daten auf Vollständigkeit.

    - *Ergebnis*
    Das WA-Objekt und die anzuwendende Bearbeitungstiefe sind eindeutig und nachvollziehbar beschrieben.

    - *Prozesse im* **PEP-**$VR^{©}$ *bsph.*
    Anforderungsentwicklung, K; Ziele-/ Anforderungsmanagement, L;

    - *Beteiligte Rollen bsph.*
    Std.-Anforderungsmanager, 2a; Ziele-/ Anforderungsmanager, 6;

    - *Methoden und Werkzeuge bsph.*
    Projektauftrag, **;
    Liste offener Punkte, XIV

- Teilschritt *1.2* (Bearbeitung WP muss, WG muss, WV muss)
  Rahmenbedingungen des Projektes festschreiben
  - *Ziel*
    Kennen der Rahmenbedingungen der Projektarbeit – was, in welchen Grenzen und mit welchen Schnittstellenbearbeitet werden soll und der Bewertungskriterien für Konformität mit der Unternehmensstrategie und Projekterfolg.

  - *Vorgehen*
    Auswerten alle im Projektauftrag enthalten Daten – Entscheidungen nach GS 0 und Ergänzungen. Prüfung der Daten auf Vollständigkeit.

  - *Ergebnis*
    Es ist festgelegt - Was soll, was kann und was darf nicht und in welchem Rahmen bearbeitet werden. Zusätzlich sind die Bewertungskriterien für den Projekterfolg quantitativ und qualitativ definiert.

  - *Prozesse im* **PEP-**$VR^{©}$ *bsph.*
    Anforderungsentwicklung, K; Ziele-/ Anforderungsmanagement, L; Konfigurationsmanagement, M;

  - *Beteiligte Rollen bsph.*
    Std.-Anforderungsmanager, 2a; Ziele-/ Anforderungsmanager, 6;

  - *Methoden und Werkzeuge bsph.*
    Projektauftrag, **;
    Liste offener Punkte, XIV

○ *Teilschritt 1.3* (Bearbeitung WP,WG muss, WV nach Bedarf)
   Prämissen der Daten über das Problem festlegen
   - *Ziel*
     Wissen, welche Daten - Markt, Kunden, Wettbewerb, Produkt, Prozess - zur Bearbeitung des Handlungsbedarfes benötigt werden.

   - *Vorgehen*
     Black Box Betrachtung aller Einflüsse, welche auf das zu gestaltende System wirken und der Wirkungen des Systems auf das Umfeld. Daten der relevanten Einflüsse in Qualität und Quantität festlegen

   - *Ergebnis*
     Die bereitzustellenden Daten sind in Inhalt, Qualität und Form festgelegt. Die verantwortlichen Rollen sind mit der Erstellung beauftragt.

   - *Prozesse im* **PEP**-*VR*© *bsph.*
     Anforderungsentwicklung, K; Ziele-/ Anforderungsmanagement, L;

   - *Beteiligte Rollen bsph.*
     Std.-Anforderungsmanager, 2a; Ziele-/ Anforderungsmanager, 6;

   - *Methoden und Werkzeuge bsph.*
     Projektauftrag, **; Market research, E; Benchmark, I; Liste offener Punkte, XIV

- Teilschritt 1.4 (Bearbeitung WP,WG muss, WV nach Bedarf)
  Marketingziele übernehmen
  - Ziel
    Wissen, welche Marketingziele mit welcher Qualität zu erfüllen sind.

  - Vorgehen
    Übernehmen der vertriebs-/ marketingrelevanten Anforderungen aus den Standard-Zielen/ Anforderungen. Ergänzen dieser mit den bisher erarbeiteten Markt-, Kunden-/ Anwender-, Wettbewerbs-, Unternehmensdaten. Daten aufbereiten und darstellen.

  - Ergebnis
    Position relativ zu den Wettbewerbern basierend auf Aussagen zu Preis, Leistung, Chancen, Schwächen und der daraus abgeleitete Handlungsbedarf IST-SOLL

  - Prozesse im **PEP-**$VR^©$ bsph.
    Anforderungsentwicklung, K; Ziele-/ Anforderungsmanagement, L; Ursachenanalyse/ Ursachenbehebung, O;

  - Beteiligte Rollen bsph.
    Std.-Anforderungsmanager, 2a; Ziele-/ Anforderungsmanager, 6;

  - Methoden und Werkzeuge bsph.
    Projektauftrag, ******; Market research, E; Benchmark, I; Liste offener Punkte, XIV

o *Teilschritt 1.5* (Bearbeitung WP muss, WG muss, WV muss)
  Allgemeine Ziele übernehmen
  - *Ziel*
    Wissen, welche allgemeinen Ziele mit welcher Qualität zu erfüllen sind.

  - *Vorgehen*
    Übernehmen der allgemeinen Anforderungen zu Eigenschaften, Kosten, HR aus den Standard-Zielen/ Anforderungen und ergänzt um aus den Marketing-Anforderungen resultierende Anforderungen
    Ergänzen dieser mit den bisher erarbeiteten Daten.
    Daten aufbereiten und darstellen.

  - *Ergebnis*
    Die allgemeinen Anforderungen sind vollständig erfasst und dokumentiert, der daraus abgeleitete Handlungsbedarf IST-SOLL ist ausgeleitet und beschrieben.

  - *Prozesse im* **PEP-VR**$^{©}$ *bsph.*
    Anforderungsentwicklung, K; Ziele-/ Anforderungsmanagement, L;

  - *Beteiligte Rollen bsph.*
    Std.-Anforderungsmanager, 2a; Ziele-/ Anforderungsmanager, 6;

  - *Methoden und Werkzeuge bsph.*
    Projektauftrag, **; Market research, E; Quality Function Deployment, F; Target Costing, J;
    Benchmark, I; Liste offener Punkte, XIV

- *Teilschritt 1.6* (Bearbeitung WP,WG muss, WV nach Bedarf)
  Klären um welche Interessen es geht
  - *Ziel*
    Wissen, welche Anspruchsgruppen wann und wie tief in das Projekt einzubinden sind.

  - *Vorgehen*
    Analyse der Anspruchsgruppen und deren Interessen. Festlegen der für die Projektarbeit und das Ergebnis relevanten Anspruchsgruppen.

  - *Ergebnis*
    Die relevanten Anspruchsgruppen sind für die Einbindung in das Projekt festgelegt.

  - *Prozesse im* **PEP**-*VR$^©$ bsph.*
    Anforderungsentwicklung, K; Ziele-/ Anforderungsmanagement, L;

  - *Beteiligte Rollen bsph.*
    Std.-Anforderungsmanager, 2a; Ziele-/ Anforderungsmanager, 6;

  - *Methoden und Werkzeuge bsph.*
    Analyse der Anspruchsgruppen, D;
    Liste offener Punkte, XIV

o *Teilschritt 1.7* (Bearbeitung WP muss, WG muss, WV muss)
  Ressourcen klären
  - *Ziel*
  Wissen, welche Ressourcen – Know How, Personen, Ausstattung - wann und wie tief in das Projekt einzubinden sind.

  - *Vorgehen*
  Analyse der festgelegten Marketing- und allgemeinen Anforderungen und des daraus ausgeleiteten Handlungsbedarfes. Festlegen und überprüfen der Verfügbarkeit der für die Projektarbeit und das Ergebnis benötigten Ressourcen.

  - *Ergebnis*
  Die für die Bewältigung der festgelegten Herausforderungen benötigten Ressourcen sind ausgewählt und verfügbar.

  - *Prozesse im* **PEP-*VR*©** *bsph.*
  Anforderungsentwicklung, K; Ziele-/ Anforderungsmanagement, L;

  - *Beteiligte Rollen bsph.*
  Std.-Anforderungsmanager, 2a; Ziele-/ Anforderungsmanager, 6;

  - *Methoden und Werkzeuge bsph.*
  Projektplanung, **
  Liste offener Punkte, XIV

○ *Teilschritt 1.8* (Bearbeitung WP muss, WG muss, WV muss)
  Mitwirkende informieren
  - *Ziel*
  Die im Projekt Mitwirkenden über ihre Einbindung und ihren erwarteten Beitrag zu informieren.

  - *Vorgehen*
  Information der in TS 1.6 ausgewählten relevanten Anspruchsgruppen und der in TS 1.7 definierten Personen über deren Einbindung in das Projekt. Erfassen deren Kenntnisse über Prozesse und Methoden und festlegen des spezifischen Aus- und Weiterbildungsbedarfes

  - *Ergebnis*
  Die im Projekt Mitwirkenden und ggf. deren Vorgesetzte sind über ihre Einbindung in das Projekt und ihren erwarteten Beitrag informiert. Der Aus- u d Weiterbildungsbedarf ist erfasst und die entsprechenden Maßnahmen sind terminiert.

  - *Prozesse im* **PEP**-*VR*© *bsph.*
  Projektplanung, H; Aus- und Weiterbildung, E

  - *Beteiligte Rollen bsph.*
  Std.-Anforderungsmanager, 2a; Ziele-/ Anforderungsmanager, 6;

  - *Methoden und Werkzeuge bsph.*
  Projektplanung, **
  Liste offener Punkte, XIV

o *Teilschritt 1.9* (Bearbeitung WP muss, WG muss, WV muss)
  Projekt- und Produktrisiko analysieren
  - *Ziel*
  Potenzielle Projekt-, Prozess- und Produktrisiken kennen und Maßnahmen für den Fall deren Eintritts festlegen.

  - *Vorgehen*
  Projekt-, Prozess- und Produktrisiken analysieren - die in GS0 begonnen Risikoanalyse erweitern, updaten - Schwere und Eintrittswahrscheinlichkeit bestimmen. Entsprechend den festgelegten Bewertungsschwellen Maßnahmen incl. Verantwortliche für den Eintrittsfall entscheiden.

  - *Ergebnis*
  Die im Projekt Mitwirkenden und ggf. deren Vorgesetzte sind über ihre Einbindung in das Projekt und ihren erwarteten Beitrag informiert. Der Aus- u d Weiterbildungsbedarf ist erfasst und die entsprechenden Maßnahmen sind terminiert.

  - *Prozesse im* **PEP-VR**$^©$ *bsph.*
  Projektplanung, H; Risikomanagement, P;

  - *Beteiligte Rollen bsph.*
  Std.-Anforderungsmanager, 2a; Ziele-/ Anforderungsmanager, 6;

  - *Methoden und Werkzeuge bsph.*
  Projektplanung, **; Risiko /Problemanalyse, O; Bewertung der Projektrentabilität, IV;Liste offener Punkte, XIV

- **Grundschritt 2**
  Projekt planen
  Zusammenstellen des für die Bewältigung der Aufgabe notwendigen Teams. Planen und strukturieren der erforderlichen Arbeitspakete. Festlegen von Infrastruktur und Ausstattung

  o *Teilschritt 2.1 5* (Bearbeitung WP muss, WG muss, WV muss)
    Arbeitsteam bilden
    - *Ziel*
      Das Arbeitsteam auswählen und formen.

    - *Vorgehen*
      Aus den in TS 1.8 informierten potenziellen Mitwirkenden jene auswählen, welche permanent oder zeitweise in das Arbeitsteam integriert werden und diese informieren. Neben der fachlichen Qualifikation werden auch Aspekte wie Kommunikation, Kooperation und Motivation zur Auswahl herangezogen. Die Verfügbarkeit der Teammitglieder für die Arbeit im Projekt ist geklärt und gesichert.

    - *Ergebnis*
      Das Arbeitsteam und dieses zeitweise unterstützende Personen sind festgelegt und stehen zur Verfügung.

    - *Prozesse im* **PEP-**$VR^{©}$ *bsph.*
      Projektplanung, H; Risikomanagement, P;

    - *Beteiligte Rollen bsph.*
      Std.-Anforderungsmanager, 2a; Ziele-/ Anforderungsmanager, 6;

    - *Methoden und Werkzeuge (bsph.*
      Projektplanung, **
      Teamarbeit, IX; Moderationsmethode, X; Liste offener Punkte, XIV

o *Teilschritt 2.2* (Bearbeitung WP muss, WG muss, WV muss)
   Ersten Terminplan ausarbeiten
   - *Ziel*
   Alle Arbeitspakete sind erfasst und zeitlich gereiht.

   - *Vorgehen*
   Alle bis zu diesem Zeitpunkt erfassten Arbeitspakete incl. der offenen Punkte aus der LOP sind erfasst. Die Arbeitspakete werden abhängig von deren Einfließen in die Projektarbeit zeitlich gereiht. Die Verantwortung für jedes einzelne Arbeitspaket und der Bereitstellung des Ergebnisses inhaltlich richtig /vollständig, kosten- und terminrichtig ist festgelegt.

   - *Ergebnis*
   Projektstrukturplan (Gantt, Netzplan) mit Aussagen zu Start/ Ende, Input von/ Output an, Aufwand und Verantwortung ist erstellt – sinnvoll gemeinsam mit dem Arbeitsteam - und kommuniziert.

   - *Prozesse im* **PEP**-*VR*© *bsph.*
   Projektplanung, H;

   - *Beteiligte Rollen bsph.*
   Std.-Anforderungsmanager, 2a; Ziele-/ Anforderungsmanager, 6; Projektmanager, 5;

   - *Methoden und Werkzeuge bsph.*
   Projektplanung, **
   Teamarbeit, IX; Moderationsmethode, X; Liste offener Punkte, XIV

- *Teilschritt 2.3* (Bearbeitung WP, WG WV nach Bedarf)
  Infrastruktur und Ausstattung festlegen
  - *Ziel*
    Infrastruktur und Ausstattung, Apparate sind definiert.

  - *Vorgehen*
    Die für eine ergebnisorientierte Projektarbeit benötigte Infrastruktur bsph. Teamraum und Ausstattung bsph. Flip-Charts, Metaplantafel + Kärtchen festlegen.
    Elektronisches Ablagesystem – Teamordner – in dem alle Projektdaten und Ergebnisse abgelegt werden einrichten.
    Apparate sind, entsprechend ihrer Einbindung in das Projekt geplant, verfügbar und geblockt.

  - *Ergebnis*
    Infrastruktur, Ausstattung und Apparate sind festgelegt und stehen zur Verfügung.

  - *Prozesse im **PEP**-VR$^©$ bsph.*
    Projektplanung, H;

  - *Beteiligte Rollen bsph.*
    Ziele-/ Anforderungsmanager, 6; Projektmanager, 5;

  - *Methoden und Werkzeuge bsph.*
    Projektplanung, **
    Liste offener Punkte, XIV

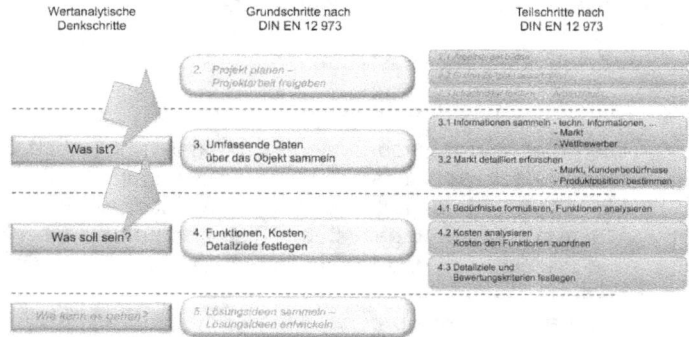

Abbildung 7 WA-Arbeitsplan - Grundschritt 3 und 4
Daten sammeln – Detailziele festlegen

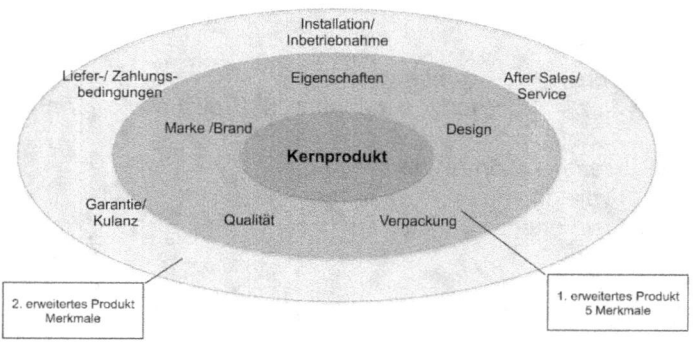

Abbildung 8 Gesamtheitliche Produktsicht in der Wertanalyse

- **Grundschritt 3**
  Umfassende Daten für das Projekt sammeln
  Sammeln aller relevanten Daten mit dem Ziel, die Ausgangssituation des WA-Objektes so gut wie nötig zu beschreiben.

  o *Teilschritt 3.1* (Bearbeitung WP muss, WG muss, WV muss)
  Informationen sammeln bsph. über Technologie, wirtsch. Entwicklung, Baukästen, Innovationen, Patente,
  - *Ziel*
  Das WA-Objekt und die zu dessen Entwicklung, Erstellung verwendeten Prozesse, Baukästen, Innovationen erfassen und fördernde /hemmende Faktoren für das Projekt aufzeigen.

  - *Vorgehen*
  Sammeln, aus- und bewerten aller relevanten technologischen, technischen, prozessualen und wirtschaftlichen Fakten des eigenen und von Wettbewerbsprodukten.

  - *Ergebnis*
  Überwiegend technische und wirtschaftliche Anforderungen ergänzt um einschränkende bsph Schutzrechte und fördernde Faktoren bsph neue Technologie.

  - *Prozesse im* **PEP-**$VR^{©}$ *bsph.*
  Anforderungsentwicklung, K; Ziele-/ Anforderungsmanagement, L;

  - *Beteiligte Rollen bsph.*
  Anforderungsmanager, 2; Ziele-/ Anforderungsmanager, 6; Konzept Verantwortliche Entwicklung, 7; - System Evaluierer, 9

  - *Methoden und Werkzeuge bsph.*
  Market research, E; Quality Function Deployment, F; Teamarbeit, IX; Moderationsmethode, X; Liste offener Punkte, XIV

- *Teilschritt 3.2* (Bearbeitung WP, WG muss, WV angepasst)
  Detaillierte Marktforschung durchführen
  - *Ziel*
    Das WA-Objekt in seinem Marktumfeld mit Trends, Kunden, Wettbewerbern positionieren.

  - *Vorgehen*
    Sammeln, aus- und bewerten von Markttrends, -entwicklung, Kundenanforderungen, globalen und marktspezifischen Wettbewerber, Stärken / Schwächen des eigenen und von Wettbewerbsprodukten.
    Sammeln, aus- und bewerten von Markttrends, -entwicklung auf dem Anbietermarkt

  - *Ergebnis*
    Überwiegend markt- und wettbewerbsorientierte Anforderungen als Basis der IST und Ziel-Positionierung des WA-Objektes im Wettbewerb evt. auch auf unterschiedlichen Märkten
    Daten für die zukünftige Gestaltung der Supply Chain

  - *Prozesse in* **PEP-VR**© *bsph.*
    Anforderungsentwicklung, K; Ziele-/ Anforderungsmanagement, L;

  - *Beteiligte Rollen bsph.*
    Anforderungsmanager, 2; Ziele-/ Anforderungsmanager, 6; Konzept Verantwortliche Entwicklung, 7; - System Evaluierer, 9

  - *Methoden und Werkzeuge bsph.*
    Market research, E; Quality Function Deployment, F; Teamarbeit, IX; Moderationsmethode, X; Liste offener Punkte, XIV

- **Grundschritt 4**
  Funktionen, Kosten analysieren,
  Detailziele formulieren
  Bedürfnisse der Anspruchsgruppen in lösungsneutrale Funktionen wandeln und diese gemeinsam mit den zulässigen Kosten zur Basis der weiteren Schritte definieren.

  o *Teilschritt 4.1* (Bearbeitung WP muss, WG muss, WV muss)
  Bedarf formulieren, Funktionen analysieren
  - *Ziel*
    Kundenbedarf erkennen – Gebrauchs-, Geltungsbedürfnisse - lösungsneutral als Funktion formulieren und strukturieren.

  - *Vorgehen*
    Bedarf der Anspruchsgruppen den Produkteigenschaften und diesen produktbezogene Funktionen zuordnen. Bei Weiterentwicklung /Redesign unerwünschte und unnötige Funktionen kennzeichnen.

  - *Ergebnis*
    Funktionenstruktur und Basis für die Funktionale-Leistungs-Beschreibung mit Bewertungskriterien und Niveaus

  - *Prozesse im* **PEP-VR**$^{©}$ *bsph*
    Anforderungsentwicklung, K; Ziele-/ Anforderungsmanagement, L;

  - *Beteiligte Rollen bsph*
    Anforderungsmanager, 2; Ziele-/ Anforderungsmanager, 6; Konzept Verantwortliche Entwicklung, 7; - System Evaluierer, 9

  - *Methoden und Werkzeuge bsph*
    Quality Function Deployment, F; Funktionenanalyse, Funktionale-Leistungs-Beschreibung, H; Teamarbeit, IX; Moderationsmethode, X; Liste offener Punkte, XIV

o *Teilschritt 4.2* (Bearbeitung WP muss, WG muss, WV muss)
 Kosten analysieren, Funktionskosten erarbeiten
 - *Ziel*
 Erkennen von Kostenanhäufungen und ob die Kosten entsprechend der Wertigkeit der Funktionen verteilt sind.

 - *Vorgehen*
 Kosten – aktuelle oder Ziel - den produktbezogenen Funktionen oder
 Kosten den Funktionsträgern und weiter den zur Realisierung der Funktionsträger benötigten Funktionen zuordnen

 - *Ergebnis*
 Funktionskostenmatrix und Ergänzung der Funktionale- Leistungs-Beschreibung mit Bewertungskriterien und Niveaus und den zulässigen Funktionenkosten.

 - *Prozesse im* **PEP-VR$^{©}$** *bsph*
 Anforderungsentwicklung, K; Ziele-/ Anforderungsmanagement, L;

 - *Beteiligte Rollen bsph*
 Anforderungsmanager, 2; Ziele-/ Anforderungsmanager, 6; Konzept Verantwortliche Entwicklung, 7; - System Evaluierer, 9

 - *Methoden und Werkzeuge bsph*
 Quality Function Deployment, F; Funktionenanalyse, Funktionale-Leistungs-Beschreibung, H;
 Teamarbeit, IX; Moderationsmethode, X; Liste offener Punkte, XIV

- Teilschritt 4.3 (Bearbeitung WP muss, WG muss, WV muss)
  Detailanforderungen und Bewertungskriterien festlegen
  - Ziel
    Ergebnisse aus GS 3 und GS 4 zusammenfassen, damit die Anforderungen aus GS1 weiter detaillieren. Die Randbedingungen aktualisieren und ggf. ergänzen.

  - Vorgehen
    Die Anforderungen aus GS 1 mit den Ergebnissen aus GS 3 – Markt /Technik - und GS 4 – Funktionen/ Kosten- als Basis der weitern Projektarbeit detaillierter beschreiben. Die Risikoanalyse aus TS 1.9 aktualisieren und ggf. auf Basis des Erkenntnisstandes ergänzen.

  - Ergebnis
    Die in der nötigen Detaillierung, qualitativ und quantitativ beschriebenen Anforderungen, welche alternative Lösungen zu erfüllen haben.

  - Prozesse im **PEP-VR**© bsph
    Anforderungsentwicklung, K; Ziele-/ Anforderungsmanagement, L;

  - Beteiligte Rollen bsph
    Aufgabensteller/ Entscheider, 1; Anforderungsmanager, 2; Ziele-/ Anforderungsmanager, 6; Projektmanager, 5; Konzept Verantwortliche Entwicklung, 7; - System Evaluierer, 9; Anspruchsgruppen, **

  - Methoden und Werkzeuge bsph
    Quality Function Deployment, F; Funktionenanalyse, Funktionale-Leistungs-Beschreibung, H; Risiko/ Problemanalyse, O;
    Bewertung der Projektrentabilität, IV; Teamarbeit, IX; Moderationsmethode, X; Liste offener Punkte, XIV

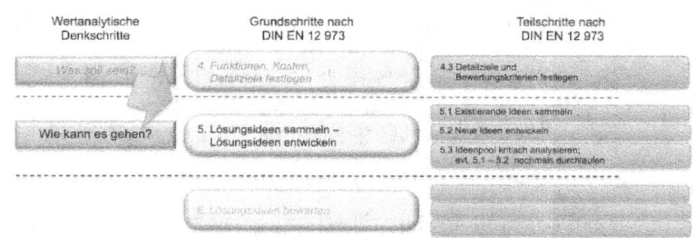

Abbildung 9 WA-Arbeitsplan - Grundschritt 5
Lösungsideen erarbeiten

- **Grundschritt 5**
  Lösungsideen sammeln und erarbeiten
  Der kreative /innovative Schwerpunkt im Wertanalyse-Prozess. Nutzen von Informationsquellen und ergebnisorientierte Anwendung von Methoden bringt Ideenvielfalt und die Chance für qualitativ hochwertige neue Ideen.

  - *Teilschritt 5.1* (Bearbeitung WP muss, WG muss, WV muss)
    Existierende Ideen sammeln
    - *Ziel*
      Überblick über bereits vorhandene Ideen, Lösungen, Verbesserungs-, Änderungsvorschläge, Baukästen, etc. schaffen

    - *Vorgehen*
      Suche in externen – Datenbanken, Wettbewerbsveröffentlichungen, .. - und internen – Betriebliches Vorschlagswesen, Patentanmeldungen, Ideen im Projekt..- Quellen. Auswerten der Erkenntnisse und Integration in den Ideenpool.

    - *Ergebnis*
      Basisfüllung des Ideenpools und Anregungen für die Erarbeitung weiterer Ideen.

    - *Prozesse im* **PEP-**VR *bsph*
      Innovationsmanagement, A; Ziele-/ Anforderungsmanagement, L;

    - *Beteiligte Rollen bsph*
      Innovationsmanager, 3; Ziele-/ Anforderungsmanager, 6; Konzept Verantwortliche Entwicklung, 7; -System Evaluierer, 9

    - *Methoden und Werkzeuge bsph*
      Market research (Desktop), E;
      Teamarbeit, IX; Moderationsmethode, X; Liste offener Punkte, XIV

- *Teilschritt 5.2* (Bearbeitung WP muss, WG muss, WV muss)
  Neue Ideen entwickeln
  - *Ziel*
    Neue Ideen entwickeln mit dem Ziel zusätzlichen Kundennutzen und die geforderte Differenzierung zum Wettbewerb zu eröffnen

  - *Vorgehen*
    Anwenden systematischer oder intuitiver Kreativitätstechniken. Sammeln und dokumentieren aller Ideen ohne Bewertung deren Relevanz für das Projekt.
    Achtung: Regeln, $N_{icht}V_{on}M_{ir}$-Faktor, Killer-Phrasen

  - *Ergebnis*
    Ergänzung des Ideenpools mit neuen Ideen.

  - *Prozesse im* **PEP-VR$^©$** *bsph*
    Innovationsmanagement, A; Ziele-/ Anforderungsmanagement, L;

  - *Beteiligte Rollen bsph*
    Innovationsmanager, 3; Ziele-/ Anforderungsmanager, 6; Konzept Verantwortliche Entwicklung, 7; -System Evaluierer, 9; Anspruchsgruppen,**;

  - *Methoden und Werkzeuge bsph*
    Kreativitätstechniken, L;
    Teamarbeit, IX; Moderationsmethode, X;

- *Teilschritt 5.3* (Bearbeitung WP muss, WG muss, WV muss)
  Ideen kritisch analysieren
  - *Ziel*
    Ersten Überblick über die entwickelten Ideen erlangen

  - *Vorgehen*
    Erarbeitete Ideen gruppieren, genannte Ideen kombinieren, weiter entwickeln oder als Basis neuer Ideen nutzen.

  - *Ergebnis*
    Hinweis ob die erarbeiteten Ideen die Erfüllung der Anforderungen in ausreichendem Maße unterstützen oder ob weitere Ideen erarbeitete werden müssen. Abschätzen ob die Nutzung erarbeiteter Ideen zu unerwünschte oder unnötige Wirkungen führen kann.

  - *Prozesse im* **PEP-VR**© *bsph*
    Innovationsmanagement, A; Ziele-/ Anforderungsmanagement, L;

  - *Beteiligte Rollen bsph*
    Innovationsmanager, 3; Ziele-/ Anforderungsmanager, 6; Konzept Verantwortliche Entwicklung, 7; - System Evaluierer, 9; Anspruchsgruppen,**;

  - *Methoden und Werkzeuge bsph*
    Kreativitätstechniken, L;
    Teamarbeit, IX; Moderationsmethode, X;

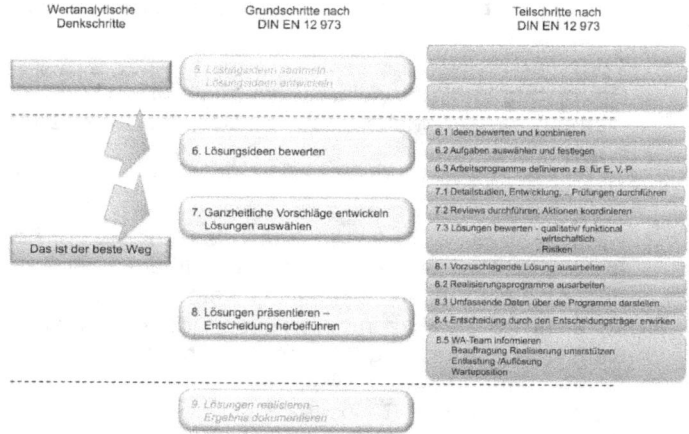

Abbildung 10 WA-Arbeitsplan - Grundschritt 6 - 7
Lösungsideen bewerten – Lösung(en) auswählen

- **Grundschritt 6**
  Lösungsideen bewerten
  Durch das Verdichten und Bewerten der Lösungsideen nachvollziehbar die Arbeitspaktes der weiteren Schritte festlegen.

  o *Teilschritt 6.1* (Bearbeitung WP muss, WG muss, WV muss)
  Ideen bewerten und kombinieren
  - *Ziel*
  Die Ideen klassifizieren, ungeeignete oder nicht realisierbare Ideen von den anderen trennen und dokumentieren.

  - *Vorgehen*
  Orientiert an den Anforderungen aus TS 1.4, TS 1.5, und Bewertungskriterien aus TS 4.3 die Ideen klassifizieren – Konzept- oder konzeptunterstützende Ideen – ggf. kombinieren und nach dem Grad der Realisierbarkeit ordnen.

  - *Ergebnis*
  Die für die Erfüllung der Anforderungen benötigten, realisierbaren Konzept- und konzeptunterstützenden Ideen.

  - *Prozesse im* **PEP**-*VR$^©$ bsph*
  Innovationsmanagement, A; Ziele-/ Anforderungsmanagement, L;

  - *Beteiligte Rollen bsph*
  Innovationsmanager, 3; Ziele-/ Anforderungsmanager, 6; Konzept Verantwortliche Entwicklung, 7; - System Evaluierer, 9

  - *Methoden und Werkzeuge bsph*
  Kreativitätstechniken, L;
  Morphologisches Tableau, VI; Teamarbeit, IX; Moderationsmethode, X; Liste offener Punkte, XIV

○ *Teilschritt 6.2* (Bearbeitung WP muss, WG muss, WV muss)
  Entwicklungsaufgaben auswählen
  - *Ziel*
  Wissen, mit welchen zu Lösungsansätzen verdichteten Ideen gemeinsam mit Baukasten- und Standardlösungen die Anforderungen erfüllt werden.

  - *Vorgehen*
  Ideen zu Lösungsansätzen verdichten und mit quantifizierten und qualifizierten Messgrößen versehen – **Ziele-Entwicklung**. Lösungsansätze, gemeinsam mit Baukästen- und Standardlösungen den Anforderungen zuordnen und als Sub-Zielsystem festlegen.

  - *Ergebnis*
  Die für die Erfüllung der Aufgabe ausgewählten Subzielsysteme sind ausgewählt – **Lastenheft**. Die zur Ausarbeitung, Realisierung und Bestätigung benötigten Arbeitspakete sind definiert.

  - *Prozesse im* **PEP-VR**$^©$ *bsph*
  Ziele-/ Anforderungsmanagement, L; Qualitätssicherung, J;

  - *Beteiligte Rollen bsph*
  Innovationsmanager, 3; Baukastenmanager, 4; Ziele-/ Anforderungsmanager, 6; Konzept Verantwortliche Entwicklung, 7; -System Evaluierer, 9

  - *Methoden und Werkzeuge bsph*

  Morphologisches Tableau, VI; Teamarbeit, IX; Moderationsmethode, X; Liste offener Punkte, XIV

- ○ *Teilschritt 6.3* (Bearbeitung WP muss, WG muss, WV muss)
  Arbeitsprogramme für die Entwicklung erstellen
  - *Ziel*
  Aufgabenpakete für die Entwicklung zu Arbeitsprogrammen formen und terminieren.

  - *Vorgehen*
  Arbeitspakete für einzelnen Sub-Zielsysteme oder Kombinationen aus diesen zu Arbeitsprogrammen für die einzelnen Konzeptbereiche – Mechanik, Elektrik/ Elektronik, Design,... formen. Prioritäten und daraus resultierende Termine festlegen. Risikoanalyse aus TS 4.3 aktualisieren und ggf. ergänzen. Arbeitsprogramme incl. Risiken durch die Verantwortlichen - interne und externe - committen lassen.

  - *Ergebnis*
  Arbeitsprogramme incl. Risiken mit Ergebnissen, Lieferterminen und Verantwortlichen liegen committet vor.

  - *Prozesse im* **PEP**-*VR*© *bsph*
  Ziele-/ Anforderungsmanagement, L; Qualitätssicherung, J;

  - *Beteiligte Rollen bsph*
  Aufgabensteller/ Entscheider, 1; Projektmanager, 5; Ziele-/ Anforderungsmanager, 6; Konzept Verantwortliche Entwicklung, 7; - System Evaluierer, 9; Risikomanager, 11

  - *Methoden und Werkzeuge bsph*
  Risiko/ Problemanalyse, O;
  Teamarbeit, IX; Moderationsmethode, X; Liste offener Punkte, XIV

- **Grundschritt 7**
  Ganzheitliche Vorschläge entwickeln
  Detaillierte Ausarbeitung der Sub-Ziel-Systeme zu Lösungen; Erreichen der Entscheidungsreife.

  o *Teilschritt 7.1* (Bearbeitung WP muss, WG muss, WV muss)
    Detailentwicklung und Teilverifizierung durchführen
    - *Ziel*
      Subsysteme sind zu Lösungen ausgearbeitet und teilweise überprüft. Lösungen liegen zur Bewertung vor.

    - *Vorgehen*
      Sub-Zielsysteme detaillieren und ggf. die Ergebnisse mit Mustern und Prototypen absichern. Benötigte Änderungen der Ziele genehmigen lassen. Erarbeitete Lösungen für die Bewertung darstellen.

    - *Ergebnis*
      Die zur Realisierung der Sub-Systeme erarbeiteten Lösungen incl. genehmigter Änderungen liegen zur Bewertung vor.

    - *Prozesse im* **PEP-VR**© *bsph*
      Ziele-/ Anforderungsmanagement, L; Qualitätssicherung, J;

    - *Beteiligte Rollen bsph*
      Ziele-/ Anforderungsmanager, 6; Konzept Verantwortliche Entwicklung, 7;- System Evaluierer, 9;

    - *Methoden und Werkzeuge bsph*
      Entscheidungsvorbereitung, Q; FMEA, N; Teamarbeit, IX; Kostenbewertung, XII; Liste offener Punkte, XIV

○ *Teilschritt 7.2* (Bearbeitung WP muss, WG muss, WV muss)
  Aktivitäten koordinieren –Abstimmungen durchführen
  - *Ziel*
    Prozess der Lösungs-Gestaltung steuern und führen.
    Ergebnisse transparent machen

  - *Vorgehen*
    Teil- und Endergebnisse entgegennehmen. Änderungen der Ziele aufbereiten und genehmigen lassen. Risiken aufzeigen und Maßnahmen in die Ergebnisgestaltung einfließen lassen. Bewertung der Lösungen vorbereiten.

  - *Ergebnis*
    Erarbeitete Lösungen incl. genehmigter Änderungen liegen mit Risiko und Reifegrad zur Bewertung vor.

  - *Prozesse im* **PEP-***VR*© *bsph*
    Ziele-/ Anforderungsmanagement, L; Qualitätssicherung, J;

  - *Beteiligte Rollen bsph*
    Aufgabenstelle /Entscheider, 1; Projektmanager,5; Ziele-/ Anforderungsmanager, 6; Konzept Verantwortliche Entwicklung, 7; - Risikomanager, 11

  - *Methoden und Werkzeuge bsph*
    Entscheidungsvorbereitung, Q; FMEA, N;
    Teamarbeit, IX; Moderationsmethode, X; Liste offener Punkte, XIV;

o *Teilschritt 7.3* (Bearbeitung WP muss, WG muss, WV muss)
   Lösungen bewerten
   - *Ziel*
   Vor- und Nachteile, Kosten, Realisierungsaufwand und -zeit der einzelnen zu bewertenden Lösungen kennen.

   - *Vorgehen*
   Lösungen an den in TS 1.4, TS 1.5 entschiedenen Anforderungen und TS 4.3 festgelegten Bewertungskriterien bewerten. Risiken der einzelnen Lösungen aufzeigen und Maßnahmen festlegen. Lösungen und Aufwand zur Risikoabmilderung wirtschaftlich und terminlich bewerten.

   - *Ergebnis*
   Lösungen sind nachvollziehbar auf die Erfüllung der Eigenschaften, wirtschaftlichen und terminlichen Ziele bewertet.

   - *Prozesse im* **PEP-VR**$^©$ *bsph*
   Ziele-/ Anforderungsmanagement, L; Qualitätssicherung, J;

   - *Beteiligte Rollen bsph*
   Ziele-/ Anforderungsmanager, 6; Konzept Verantwortliche Entwicklung, 7; - Risikomanager, 11

   - *Methoden und Werkzeuge bsph*
   Entscheidungsvorbereitung, Q; FMEA, N; Risiko/ Problemanalyse, O;
   Bewertung der Projektrentabilität, IV; Teamarbeit, IX; Moderationsmethode, X; Liste offener Punkte, XIV

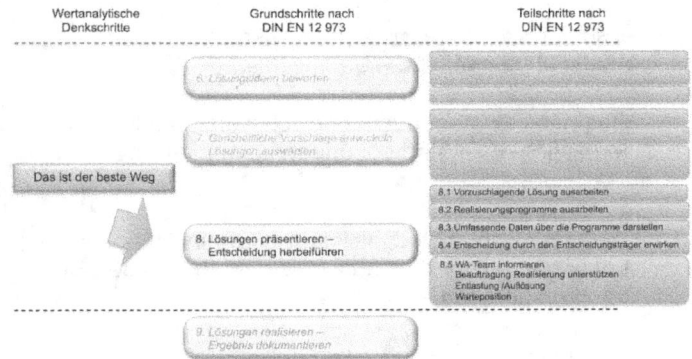

Abbildung 11 WA-Arbeitsplan - Grundschritt 8 Entscheidung herbeiführen

- **Grundschritt 8**
  Vorschläge präsentieren - Entscheidung erwirken
  Auswahl und Präsentation des zur Realisierung empfohlenen Systems. Entscheidung zur Realisierung erwirken.

  o *Teilschritt 8.1* (Bearbeitung WP muss, WG muss, WV muss)
  Vorzuschlagende Lösung auswählen
  - *Ziel*
  Das neue System aus technisch, wirtschaftlich und terminlich optimalen Lösungen kombinieren.

  - *Vorgehen*
  Die technisch, wirtschaftlich und terminlich optimalen Lösungen – Ergebnis aus TS 7.3. – zum neuen System kombinieren.

  - *Ergebnis*
  Das zur Realisierung vorzuschlagende neue System.

  - *Prozesse im* **PEP-VR**$^©$ *bsph*
  Ziele-/ Anforderungsmanagement, L; Konfigurationsmanagement, M; Zuliefermanagement, Q; Risikomanagement, P; Projektverfolgung, Projektsteuerung, I; Qualitätssicherung, J;

  - *Beteiligte Rollen bsph*
  Ziele-/ Anforderungsmanager, 6; Konzept Verantwortliche Entwicklung, 7; - System Evaluierer, 9;

  - *Methoden und Werkzeuge bsph*
  Entscheidungsvorbereitung, Q; FMEA, N; Morphologisches Tableau, VI; Teamarbeit, IX; Liste offener Punkte, XIV

o *Teilschritt 8.2* (Bearbeitung WP muss, WG muss, WV muss)
  Realisierungsprogramm ausarbeiten
  - *Ziel*
    Kenntnis über Inhalte und Aufwand des Programmes zur Realisierung des neuen Systems.

  - *Vorgehen*
    Alternative Szenarien der Realisierung des neuen Systems erarbeiten. Bei Bedarf Änderungen genehmigen lassen. Das optimale Szenario auswählen, Aufwand, Termine incl. Markteinführung erarbeiten und Verantwortung festlegen.

  - *Ergebnis*
    Das Realisierungsprogramm liegt erarbeitet mit genehmigten Änderungen zur Entscheidung vor.

  - *Prozesse im* **PEP**-*VR*© *bsph*
    Ziele-/ Anforderungsmanagement, L; Qualitätssicherung, J;

  - *Beteiligte Rollen bsph*
    Ziele-/ Anforderungsmanager, 6; Konzept Verantwortliche Entwicklung, 7; - System Evaluierer, 9;

  - *Methoden und Werkzeuge bsph*
    Entscheidungsvorbereitung, Q; FMEA, N; Morphologisches Tableau, VI; Teamarbeit, IX; Liste offener Punkte, XIV

- *Teilschritt 8.3* (Bearbeitung WP muss, WG muss, WV muss)
  Umfassende Daten über das neue System aufbereiten
  - *Ziel*
    Den für die Präsentation des neuen Systems erforderlichen Datensatz bereitstellen.

  - *Vorgehen*
    Datensatz - **Pflichtenheft** - und Präsentationsunterlagen mit Informationen zu bsph. Ergebnissen, Ziele, Änderungen, Pro/ Cons, Wirtschaftlichkeit, Terminen, Realisierungsplanung incl. Verantwortlichkeiten, Risiken erstellen.

  - *Ergebnis*
    Die Entscheidungsvorlage liegt präsentationsfähig vor.

  - *Prozesse im* **PEP-VR**© *bsph*
    Ziele-/ Anforderungsmanagement, L; Qualitätssicherung, J;

  - *Beteiligte Rollen bsph*
    Ziele-/ Anforderungsmanager, 6; Konzept Verantwortliche Entwicklung, 7; - System Evaluierer, 9;

  - *Methoden und Werkzeuge bsph*
    Entscheidungsvorbereitung, Q; FMEA, N; Risiko/ Problemanalyse, O
    Bewertung der Projektrentabilität, IV; Teamarbeit, IX; Liste offener Punkte, XIV;

- *Teilschritt 8.4* (Bearbeitung WP muss, WG muss, WV muss)
  Entscheidung durch den Entscheidungsträger erlangen
  - *Ziel*
    Das neue System wird akzeptiert, die Realisierung des neuen Systems und den weiteren Einsatz des Teams entscheiden.

  - *Vorgehen*
    Präsentation neuen Systems und der erarbeiteten Empfehlungen durch die Teammitglieder. Diskussion des neuen Systems, der Empfehlung und Entscheidung über das weitere Vorgehen durch den Auftraggeber /Entscheider.

  - *Ergebnis*
    Das neue System ist akzeptiert ggf. mit Anmerkungen, das weitere Vorgehen ist entschieden.

  - *Prozesse im* **PEP-VR**$^©$ *bsph*
    Ziele-/ Anforderungsmanagement, L; P; Qualitätssicherung, J;

  - *Beteiligte Rollen bsph*
    Aufgabensteller/ Entscheider, 1; Ziele-/ Anforderungsmanager, 6; Konzept Verantwortliche Entwicklung, 7; - F&C, 7;- System Evaluierer, 9; ggf. Anspruchsgruppen

  - *Methoden und Werkzeuge bsph*
    Präsentationsmethode,**

- *Teilschritt 8.5* (Bearbeitung WP muss, WG muss, WV muss)
  WA-Team informieren
  - *Ziel*
    Die Entscheidung an das Team kommunizieren und das weitere Vorgehen festlegen.

  - *Vorgehen*
    Im Falle, dass das Arbeitsteam nicht an der Präsentation teilgenommen hat, wird die Entscheidung durch den Ziele-/ Anforderungsmanager diesem mitgeteilt. Das Team entscheidet bei Bedarf über die weiteren Schritte und plant diese.

  - *Ergebnis*
    Das Team ist über die Entscheidung unterrichtet, das weitere Vorgehen ist geplant.

  - *Prozesse im* **PEP-**$VR^{©}$ *bsph*
    Ziele-/ Anforderungsmanagement, L; Qualitätssicherung, J;

  - *Beteiligte Rollen bsph*
    Ziele-/ Anforderungsmanager, 6;

  - *Methoden und Werkzeuge bsph*
    Projektplanung, **
    Teamarbeit, IX; Liste offener Punkte, XIV

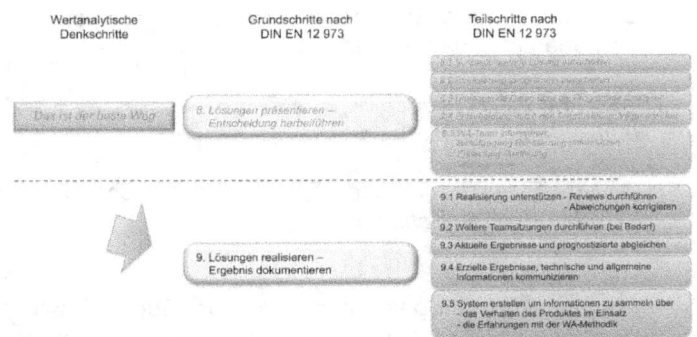

Abbildung 12 WA-Arbeitsplan - Grundschritt 9
Neues System realisieren – Projekt abschließen

- **Grundschritt 9**
  Ergebnis realisieren
  Prozesse bis zur Bestätigung der Produkt- und Prozessstabilität koordinieren und steuern. Projekt, Prozesse bewerten und Lessons Learned dokumentieren.

  o *Teilschritt 9.1* (bei Beauftragung in 8.4 WP muss, WG muss, WV muss)
    Realisierung unterstützen
    - *Ziel*
    Markt- /Einsatzreife neuen Systems entsprechend *Pflichtenheft erreichen.*

    - *Vorgehen*
    Techn. /wirtsch. Spezifikationen mit der Supply Chain vereinbaren. Das neue System verifizieren, validieren und in das Produkteprogramm integrieren. Bei Bedarf Änderungen festlegen und genehmigen lassen.

    - *Ergebnis*
    Das neue System ist realisiert, Produkt - und Prozessstabilität ist bestätigt.

    - *Prozesse im* **PEP-VR$^©$** *bsph*
    Ziele-/ Anforderungsmanagement, L; Qualitätssicherung, J; Technische Umsetzung, R;

    - *Beteiligte Rollen bsph*
    Ziele-/ Anforderungsmanager, 6; Supply Chain Manager, 8; System Evaluierer, 9;

    - *Methoden und Werkzeuge bsph*
    Projektplanung, **; FMEA, N;
    Teamarbeit, IX; Liste offener Punkte, XIV;

○ *Teilschritt 9.2* (bei Beauftragung in 8.4 WP muss, WG muss, WV muss)
Teamsitzungen des WA-Teams organisieren
- *Ziel*
Prozess der Realisierung steuern und führen. Anpassungen, Änderungen aufzeigen und genehmigen lassen.

- *Vorgehen*
Teil- und Endergebnisse entgegennehmen. Änderungen der Ziele aufbereiten und genehmigen lassen. Risiken aufzeigen und Maßnahmen in die Ergebnisgestaltung einfließen lassen. SOLL /IST Abgleich durchführen.

- *Ergebnis*
Das neue System incl. genehmigter Änderungen liegt mit Risiko und Reifegrad Bestätigung vor.

- *Prozesse im* **PEP-**VR© *bsph*
Ziele-/ Anforderungsmanagement, L; Qualitätssicherung, J; Technische Umsetzung, R;

- *Beteiligte Rollen bsph*
Ziele-/ Anforderungsmanager, 6; Supply Chain Manager, 8; System Evaluierer, 9;

- *Methoden und Werkzeuge bsph*
Entscheidungsvorbereitung, Q; FMEA, N; Bewertung der Projektrentabilität, Teamarbeit, IX; Moderationsmethode, X; Liste offener Punkte, XIV;

o *Teilschritt 9.3* (bei Beauftragung in 8.4 WP muss, WG muss, WV muss)
  Aktuelle Ergebnisse der Realisierung einschätzen und mit prognostizierten abgleichen.

  - *Ziel*
    Abweichungen vom Plan kennen, Maßnahmen entscheiden und umsetzen.

  - *Vorgehen*
    Teil- und Endergebnisse entgegennehmen. Änderungen der Ziele aufbereiten und genehmigen lassen. Risiken aufzeigen und Maßnahmen in die Ergebnisgestaltung einfließen lassen. SOLL /IST Abgleich durchführen.

  - *Ergebnis*
    SOLL /IST ist abgeglichen; ggf. liegen Änderungen zur Bestätigung vor.

  - *Prozesse im* **PEP-VR**$^©$ *bsph*
    Ziele-/ Anforderungsmanagement, L; Qualitätssicherung, J; Technische Umsetzung, R;

  - *Beteiligte Rollen bsph*
    Ziele-/ Anforderungsmanager, 6; Supply Chain Manager, 8; System Evaluierer, 9;

  - *Methoden und Werkzeuge bsph*
    Entscheidungsvorbereitung, Q; FMEA, N; Bewertung der Projektrentabilität, IV; Teamarbeit, IX; Moderationsmethode, X; Liste offener Punkte, XIV;

- *Teilschritt 9.4* (bei Beauftragung in 8.4 WP muss, WG muss, WV muss)
  Erzielte Ergebnisse, technische und allgemeine Informationen kommunizieren.
  - *Ziel*
    Auftraggeber/ Entscheider, Projektbeteiligte und Anspruchsgruppen über das Projektergebnis informieren.
  - *Vorgehen*
    Abschlussbericht incl. Unterlagen über das neue System, Bestätigung der Produkt- und Prozessstabilität, Aktivitäten zur Markteinführung/Bereitstellung zur Nutzung erstellen, Wirtschaftlich Produkt und Projekt nachweisen. Ergebnis präsentieren und Entscheidung über Projektende und Entlastung des Teams erwirken.

  - *Ergebnis*
    Das neue System ist realisiert, Produkt - und Prozessstabilität ist bestätigt. Das Ende des Projektes und die Entlastung des Arbeitsteams ist vom Auftraggeber/ Entscheider entschieden.

  - *Prozesse im* **PEP-VR**$^{©}$ *bsph*
    Ziele-/ Anforderungsmanagement, L; Qualitätssicherung, J; Technische Umsetzung, R;

  - *Beteiligte Rollen bsph*
    Ziele-/ Anforderungsmanager, 6; Supply Chain Manager, 8; System Evaluierer, 9;

  - *Methoden und Werkzeuge bsph*
    Präsentationsmethoden, **
    Liste offener Punkte, XIV;

○ *Teilschritt 9.5* (bei Bedarf /sinnvoll WP, WG, WV muss)
System zur Sammlung von Informationen über die Erfahrung im Einsatz der WA-Methodik erstellen.

- *Ziel*
Erfahrungen aus bearbeiteten Projekten für zukünftige Projekt bereitstellen.

- *Vorgehen*
Ergebnisse und Erkenntnisse zu Projekt und den bewältigten Prozessen als Lessons Learned – LELEs in einen dafür vorgesehenen System dokumentieren.

- *Ergebnis*
Das System zur Dokumentation der Projekt LELEs ist eingerichtet, Templates liegen vor. Die Informationen sind für alle zukünftigen Projekte zugänglich und werden zur Verbesserung der Prozesse genutzt.

- *Prozesse im* **PEP-VR**$^©$ *bsph*

- *Beteiligte Rollen bsph*
Auftraggeber/ Entscheider, 1; Ziele-/ Anforderungsmanager, 6; Konzept Verantwortlicher Qualität

- *Methoden und Werkzeuge (bsph*

Liste offener Punkte, XIV;

Definitionen in der Methode Wertanalyse
Entsprechend DIN EN 1325-1, 1325-2

- **Wert**
  ist die Beziehung zwischen
  - dem Beitrag einer Funktion/ des WA-Objektes zur Bedürfnisbefriedigung und
  - den Ressourcen, z. B. Kosten der Funktion/ oder des WA-Objektes, die für diese Befriedigung einzusetzen sind.

- **Bedürfnis**
  ist die Gesamtheit von Anforderungen und Wünschen des Nutzers bzw. der Anspruchsgruppe.
  Das Gesamtbedürfnis umfasst im Allgemeinen viele unterschiedliche Komponenten z.B.
  - *Gebrauchsbedürfnisse*,
    sind jene Komponenten des Gesamtbedürfnisses, die sich auf körperliche, messbare Aktivitäten beziehen
  - *Geltungsbedürfnisse*,
    sind jene Komponenten des Gesamtbedürfnisses, die subjektiv, attraktiv oder moralisch sind.
  Bedürfnisse können festgestellt, angedeutet oder latent vorhanden sein.

- **Nutzer**
  ist jede externe oder interne Person /Anspruchsgruppe, für die das Produkt gestaltet wird und die zu irgendeinem Zeitpunkt des Produkt-Lebenszyklus zumindest eine der Funktionen des Produktes nutzt.

- **Produkt**
  ist das Ergebnis von Tätigkeiten und Prozessen und umfasst bsph. verfahrenstechnische Produkte, Hardware (materielle Produkte), Dienstleistung, Software (immaterielle Produkte) oder Kombinationen daraus.
  Produkte können entweder beabsichtigt (z. B. Angebotsprodukt für Kunden) oder unbeabsichtigt (z. B. Schadstoffe oder unerwünschte Effekte) sein.

- **Wertanalyse** (WA)
  der Organisierte und kreative Ansatz, der einen funktionenorientierten und wirtschaftlichen Gestaltungs-Prozess mit dem Ziel der Wertsteigerung eines WA-Objektes zur Anwendung bringt.

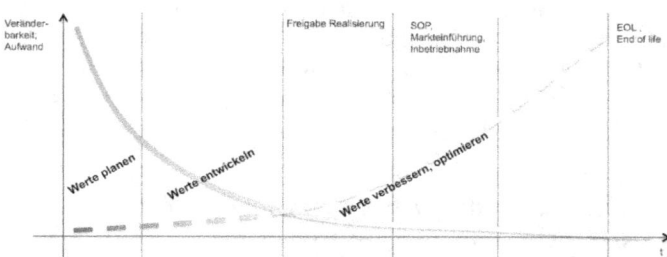

Abbildung 13 Produktlebenszyklus und Ziele WA-Anwendung

- Wertplanung
  Benennung, die für die Anwendung der Wertanalyse auf ein neues, in Planung befindliches Produkt verwendet wird.
  Ziel: Die Sinnhaftigkeit, Machbarkeit eines Produktes – Kernprodukt und erweitertes Produkt – zu verstehen und zu gestalten.

- **Wert-Gestaltung (WG)**/ Wertentwicklung
  Benennung, die für die Anwendung der Wertanalyse auf ein neues, in Entwicklung befindliches Produkt verwendet wird.
  Ziel: Produkte ganzheitlich – Kernprodukt und erweitertes Produkt – zu verstehen und zu gestalten.

- **Wert-Verbesserung (WV)**/ Wertoptimierung
  Benennung, die für die Anwendung der Wertanalyse auf ein bestehendes, in Nutzung befindliches Produkt verwendet wird.
  Ziel: Produkte ganzheitlich – Kernprodukt und erweitertes Produkt – zu verstehen und den veränderten Bedingungen anzupassen.

- **Wertanalyse-Arbeitsplan**
  Organisierte und methodische Vorgehensweise, die eine Anzahl von Schritten mit dem Ziel umfasst, eine erfolgreiche Anwendung der Wertanalyse sicherzustellen.

- **Wertanalyse-Objekt**
  Ein entstehendes oder bestehendes Produkt, auf das Wertanalyse angewendet wird.

- **Wertanalyse-Projekt**
  Die Anwendung der Wertanalyse auf ein WA-Objekt.

- **Wertanalyse-Team**
  Interdisziplinäre Gruppe, bestehend aus mehreren, aufgrund ihrer Kompetenz, Fachkenntnis und/oder Verantwortlichkeit hinsichtlich verschiedener Aspekte des WA-Objektes ausgewählter *Rollen*, die das WA-Projekt *bearbeiten*.

- **Vorgaben,** Lösungsbedingende
  Ein Merkmal, eine Wirkung oder eine konstruktive Besonderheit, die aus einem bestimmten Grund vorgegeben oder verboten ist. Keine andere Möglichkeit steht zur Wahl.
  Es werden zwei Arten von Vorgaben betrachtet
  - solche, die Lösungen betreffen,
  - solche, die Endzwecke, nämlich Funktionen der WA-Objekte, betreffen.

  Vorgaben können z. B. durch Gesetze, Normen, Marktnachfrage, Investitionen, verfügbare Ressourcen, Organisationspolitik usw. bestimmt sein und schränken üblicherweise die Auswahl von Lösungen bei einem WA-Projekt ein.

- **Wertanalyse-Ziele**
  Funktionen- und Kosten-Ziele (oder andere Ziele als Kosten wie Verfügbarkeit, Zeit, Menge u. a.) für das WA-Projekt, die dem WA-Team/ Arbeitsteam vorgegeben werden.

o **Funktion**
ist die Wirkung und/oder das Wirken eines Produktes oder eines seiner Bestandteile.
Besondere Merkmale von Funktionen
- Unnötige Funktionen
Eine Funktion, die keinen Beitrag zur Bedürfnisbefriedigung des Nutzers und damit keinen positiven Beitrag zum Wert des Produktes leistet.
- Unerwünschte Funktion
Eine Funktion, die für den Nutzer eine nachteilige Wirkung hat. Sie leistet einen negativen Beitrag zum Wert des Produktes.

o **Funktionenanalyse (FA)**
bezeichnet den Prozess, welcher die Funktionen und deren Beziehungen, welche systematisch dargestellt, klassifiziert und bewertet sind, vollständig beschreibt.

o **Funktionentypen**
In der Wertanalyse unterscheidet man zwei unterschiedliche, miteinander verknüpften Funktionentypen.
- Nutzerbezogene Funktionen (NBF) /*Eigenschaften*
Erwartete oder erbrachte Wirkungen eines Produktes, um einen Teil des Bedürfnisses eines bestimmten Nutzers zu erfüllen.

- Produktbezogene Funktionen (PBF)
Wirkungen eines Bestandteiles oder zwischen den Bestandteilen eines Produktes zum Zweck der Erfüllung der nutzerbezogenen Funktionen/ *Eigenschaften*.

Bei der Auswahl einer Gesamtlösung, eines kompletten Produkts oder Systems bestimmt der Gestalter die produktbezogenen Funktionen. Diese können aber nutzerbezogene Funktionen eines Bestandteiles sein, der in die Zusammensetzung dieses Produktes eingeht und lösungsorientiert.

o **Funktionenstruktur**
Anordnung von Funktionen, die sich aus der Funktionenanalyse ergibt, und in Form eines Baumes oder Diagramms dargestellt werden kann.

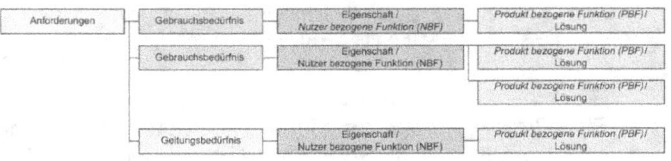

Abbildung 14 Von Anforderungen zu
Produkt bezogenen Funktionen (PBF)

o **Funktionenträger**
Gegebenheiten bsph Bauteile, Prozessschritte, durch die Funktionen realisiert werden.

o **Funktionenkosten**
Funktionenkosten sind die einer Funktion zugeordneten Anteile der Kosten von Funktionenträgern.
Die Kosten eines Funktionenträgers verteilen sich auf diejenigen Funktionen, an deren Verwirklichung dieser beteiligt ist.

o *Funktionenmatrix*
ist die Darstellung der Verknüpfung von Funktionen - Funktionenträgern und der Funktionenkosten.

Funktionenträger	Funktion		Funktion		Funktion		Funktion	
	[%]	[€]	[%]	[€]	[%]	[€]	[%]	[€]
Fkt.-Träger	●	50						
Fkt.-Träger			●	10	●	20		
Fkt.-Träger	●	20			●	40	●	5
∑ Funktionskosten [€]	100		10		85		5	
∑ Funktionsanteil [%]	25		3		21		1	

Abbildung 15 Funktionenkostenmatrix

- *Produkt- /Prozess-Anforderungen*
  Eine von den Anspruchsgruppen genannte Forderung oder ein Wunsch an das zu entwickelnde Produkt /den zu gestaltenden Prozess. Anforderungen und Wünsche werden explizit genannt oder sind das Ergebnis von Untersuchungen bsph. Market-Research, SWOT-Analyse, ...

- *Projekt – Anforderungen*
  Eine Projekt-Anforderung ist der kommittierte von jedem einzelnen Beteiligten akzeptierter Anspruch an ein Ergebnis

- *Eigenschaft*
  Eigenschaft beschreibt die Funktion oder Wirkung, die einer Leistung oder einem Teil einer Leistung gemeinsam ist und diese von anderen unterscheidet.
  Eigenschaften sollten lösungsneutral beschrieben werden.

- *Leistung*
  Leistung ist definiert als
  - materielles oder immaterielles Produkt,
  oder
  - Hybrid, die Kombination aus min. 2 Systemelementen,
    welches(e) dem Kunden als Projektergebnis angeboten und übergeben wird.

- *Ziel*
  Ziel ist das vereinbarte, endterminierte Ergebnis eines Projektes, einer Phase oder eines Prozessschrittes.

- *Arbeitspaket*
  Ein, in den Aspekten Eigenschaften/ Qualität, Kosten und Zeit eindeutig beschriebener Leistungsumfang, welcher zur Erreichung eines Zieles benötigt wird. Die Verantwortung für das Ergebnis wird an eine Person übertragen (persönliche Verantwortung).

Das neue Prozessmodell zur Entwicklung von Leistungen

Leistungen bsph. Produkte, Dienstleistungen und immer mehr an Bedeutung gewinnende Hybride, die Kombination aus Produkt und produktbegleitenden Dienstleistungen zu entwickeln oder zu optimieren, bedingt im Unternehmen zwei miteinander verzahnte Prozesse zu installieren und zu pflegen.

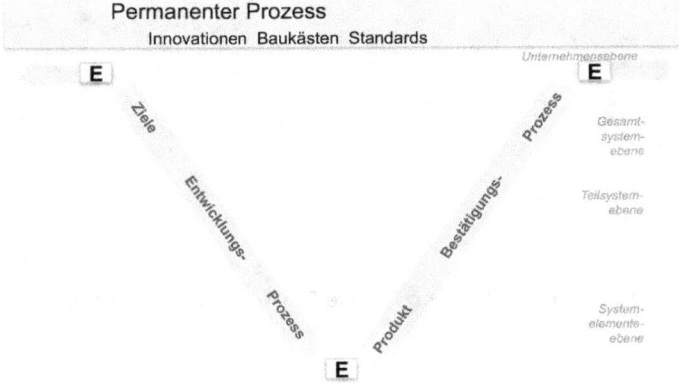

Abbildung 16 Das neue Prozessmodell - der **PEP**-*VR*©

Permanenter Prozess
Innovationen - Standards - Baukästen

Abbildung 17 Der *Permanente Prozess* – die Projektebasis

- **Permanenter Prozess**
 Im *Permanenten Prozess* werden alle extern und intern für die Leistungsentwicklung des Unternehmens bsph. Gesetze/-sänderungen, Markt, Kunden, Trends, Innovationen... zentral gesammelt, ausgewertet, bewertet und als *Standard-Ziele/ Anforderungen* für die Verwendung in Projekten festgelegt. Standard-Ziele/ Anforderungen sind bsph. Unternehmens-Selbst-verständnis, Umweltkriterien, aber auch Produkt-Eigenschaften,....
 Der *Permanente Prozess* als übergeordneter Prozess ist auch die „Home-Base" der
    o Schnelligkeit fördernden *Baukästen, Standards* für Produkte und Dienstleistungen.
    o kundenspezifischen Lösungen.
    o *Innovationen*, welche Flexibilität und Differenzierung unterstützen.

Periodisch wird, abgestimmt mit der Unternehmensstrategie über die Nutzung des im *Permanenten Prozess* gesammelten Wissens entschieden.
Das Ergebnis dieses Abstimmungs- und Auswahlprozesses sind Projektaufträge mit klaren Vorgaben für
 - Standard Ziele/ Anforderungen und Eigenschaften
 - Anteil an Innovation(-snutzung)
 - Mindestanteil an Standards und Baukästen

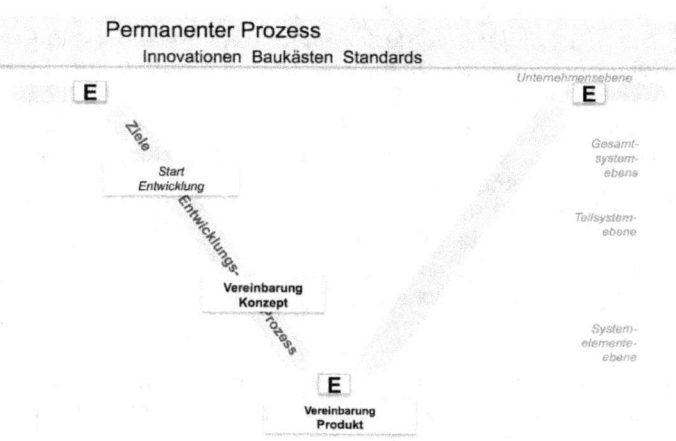

Abbildung 18 Der Ziele Entwicklungs-Prozess im **PEP-**$VR^{©}$

- **Produkt-Entwicklungs-Prozess**

    Der durch die Definition eines Projektauftrages angestoßene Produkt-Entwicklungs-Prozess (PEP) ist in zwei Abschnitte mit Entscheidungs- und Vereinbarungs-Punkten gegliedert.

    o *Ziele-Entwicklung-Prozess (ZEP)*
    Anforderungen und daraus abgeleitete *Eigenschaften* werden mit Ideen, Lösungen, Anteilen Innovation und Baukästen kombiniert und als Ziele, den endterminierten Ergebnissen des Projektes, mit allen Beteiligten vereinbart.
    Dies geschieht in Prozessphasen, in welche externe und interne Kunden intensiv eingebunden sind. Simultan zur Fixierung der Ziele werden die Kriterien und Prozesse zur Verifizierung und Validierung der Ziele erarbeitet.

    Das Ergebnis ist die **Vereinbarung Konzept**, das *Lastenheft*. Das Lastenheft ist das Dokument, in dem festgeschrieben ist, WAS erfüllt werden soll und welches von allen Beteiligten durch Unterschrift als verpflichtend vereinbart wird.

    Folgend werden die, zur Erfüllung der Ziele des *Vereinbarten Konzepts* nötigen Detaillösungen erarbeitet. Ein Prozessschritt, der weitgehend unternehmensintern unterstützt durch Konzept- und Serienlieferanten bearbeitet wird.
    Das Ergebnis ist die **Vereinbarung Produkt**, das *Pflichtenheft* mit der Beschreibung: WIE wollen wir die Ziele erfüllen und den Erfüllungsgrad nachweisen. Auch das Pflichtenheft ist ein Dokument, welches von allen Beteiligten durch Unterschrift als verpflichtend vereinbart wird.

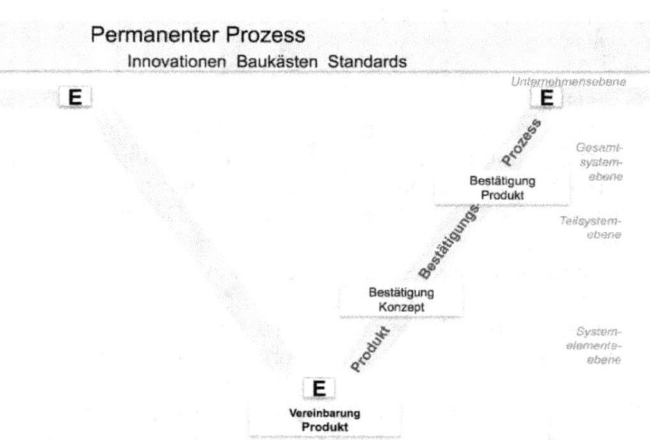

Abbildung 19 Der Produkt Bestätigungs-Prozess im **PEP**-*VR*©

o *Produkt-Bestätigungs-Prozess (PBP)*

Das im *ZEP* in Einzelteile dekomponierte, spezifizierte und entwickelte/ konstruierte Produkt wird im PBP
- in drei Schritten realisiert und zum Gesamtsystem zusammengefügt.
- an den vereinbarten Kriterien gemessen und die Zieleerfüllung bestätigt.
- das Produkt mit der Freigabe Serie/ Nutzung für den Einsatz im Markt freigegeben.

Das Projekt wird mit **Bestätigung Produkt- und Prozessstabilität** beendet und die Verantwortung für Weiterentwicklung, Optimierung in der Regel an die Umsetzende Unternehmenseinheit mit „Hand-shake" übergeben.

Diese drei übergeordneten Prozesse bilden in ihrer Gesamtheit den

PEP-*VR*©
Produkt-Entstehungs-Prozess –
V-orientiert, *R*essourcenoptimiert

Wertanalyse im Produktlebenszyklus

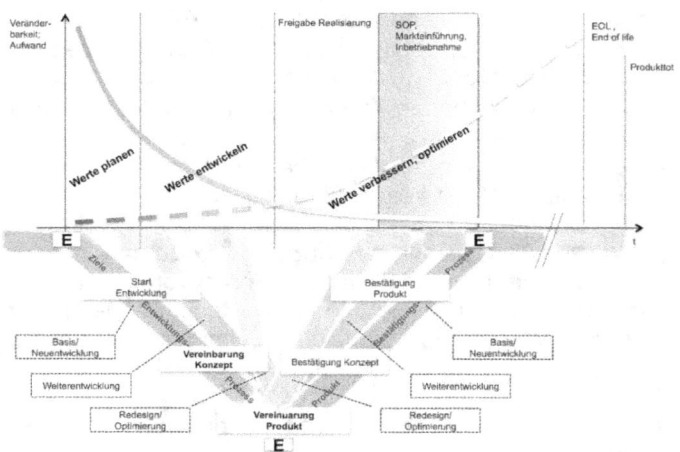

Abbildung 20 Einsatz der WA im Produktlebenszyklus und Typen der Entwicklung

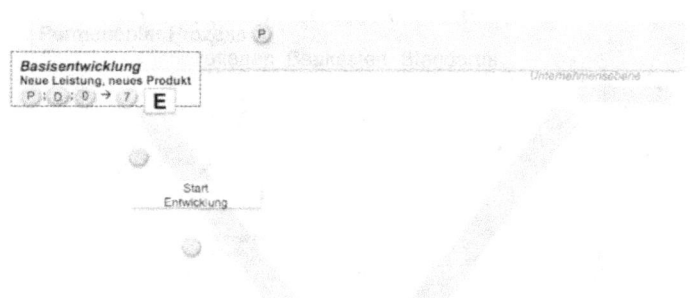

Abbildung 21 Startpunkte *Basisentwicklung*

Die drei Startpunkte der Wertanalyse

Entsprechend des geforderten Innovationsgrades des zukünftigen Produktes und der dafür benötigten Tiefe der Untersuchung, bietet die Wertanalyse drei, diesen Anforderungen angepasste „Startpunkte".

- **Basisentwicklung**

Ziel: *Basis-Entwicklung* (produktneutral) oder
Neu-Entwicklung eines Produktes

  o Merkmale und Ausprägungen
Innovation	*hoch*
Komplexität der Aufgabe	*hoch*
Projektpartner	*extern, intern*
Risiken des Scheiterns	*hoch*

  o Zu bearbeitende Phasen und Bearbeitungsgrad
P Permanenter Prozess	*intensiv*
D Projektdefinition	*intensiv*
0 Strategie-Phase (GS 0)	*vollständig bis*
7 Nachbereitung-LeLe (- GS 9)	*vollständig*

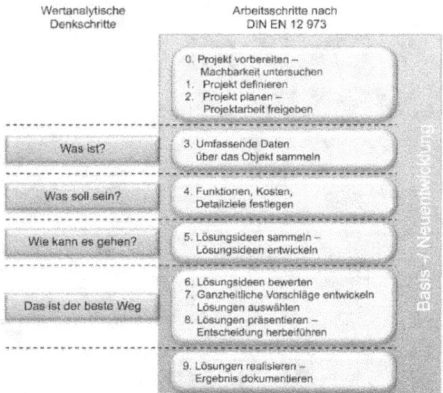

Abbildung 22 Arbeitsumfang und –intensität
Basis- / Neu-Entwicklung = WERTPLANUNG

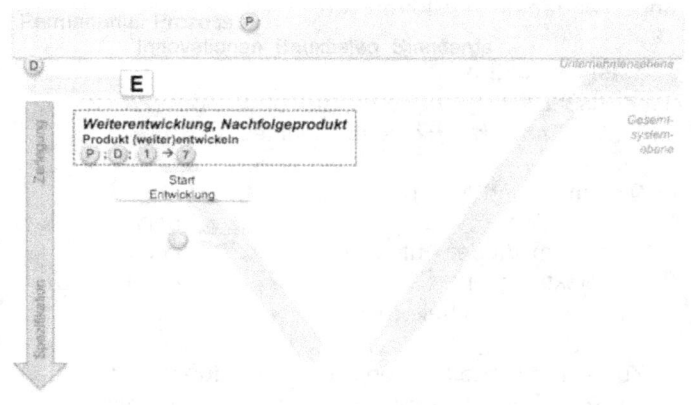

Abbildung 23 Startpunkt *Weiterentwicklung, Nachfolger*

- **Weiterentwicklung**

    Ziel: *Weiterentwicklung eines Produktes*

    o Merkmale und Ausprägungen
    Innovation *mittel*
    Komplexität der Aufgabe *hoch - mittel*
    Projektpartner *extern, intern*
    Risiken des Scheiterns *hoch - mittel*

    o Zu bearbeitende Phasen und Bearbeitungsgrad
    P Permanenter Prozess *Δ zur Basis*
    D Projektdefinition *intensiv*
    0 Strategie-Phase (GS 0) *entfällt*
    1 Initial-Phase (GS 1-) *vollständig bis*
    7 Nachbereitung-LeLe (- GS 9) *vollständig*

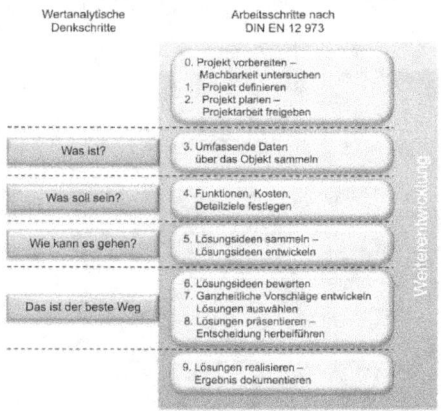

Abbildung 24 Arbeitsumfang und -intensität
Weiterentwicklung = WERTGESTALTUNG

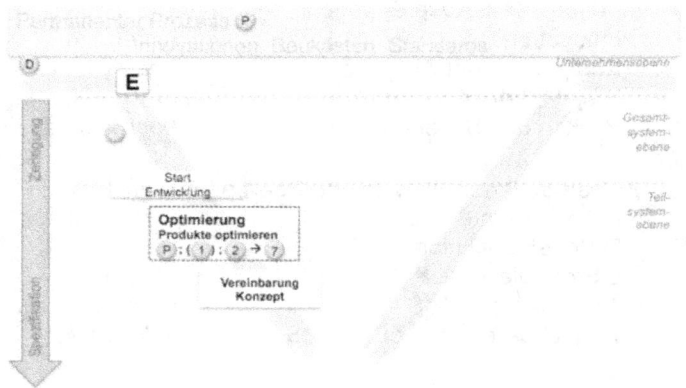

Abbildung 25 Startpunkt *Optimierung, Redesign*

- **Optimierung, Redesign**

  Ziel: *Optimierung, Redesign eines aktuellen Produktes*

  o Merkmale und Ausprägungen
Innovation	*niedrig*
Komplexität der Aufgabe	*mittel - gering*
Projektpartner	*meist intern*
Risiken des Scheiterns	*mittel - gering*

  o Zu bearbeitende Phasen und Bearbeitungsgrad
P Permanenter Prozess	*akt. Bedarf*
D Projektdefinition	*situativ*
0 Strategie-Phase (GS 0)	*entfällt*
1 Initial-Phase (GS 1 – 2)	*angepasst*
2 Konzept-Phase (GS 3-)	*vollständig bis*
7 Nachbereitung-LeLe (- GS 9)	*vollständig*

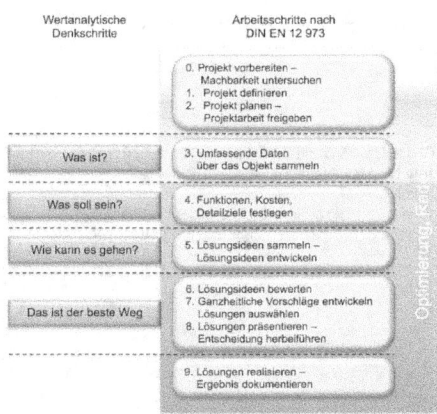

Abbildung 26 Arbeitsumfang und -intensität
Optimierung, Redesign = WERTVERBESSERUNG

Wertanalyse und Prozesse im PEP-VR©

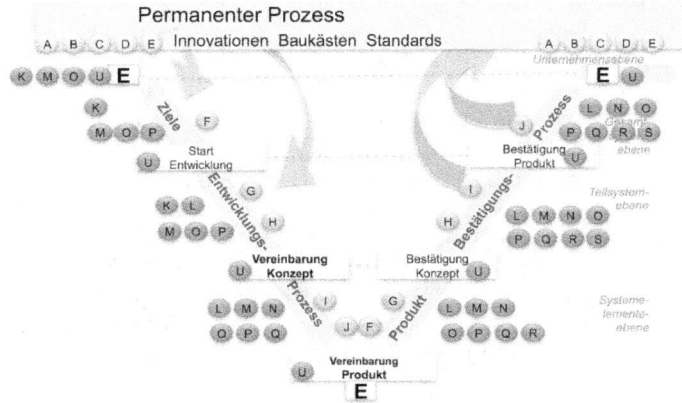

Abbildung 27 Prozesse im PEP-VR©

Inhalte und Ziele der beschriebenen Prozesse orientieren sich an
CMMI DEV+IPPD Capability Maturity Model Integration (CMMI[SM])for Develpment +
Integrated Product and Process Development
CMM and Capability maturity Model are registered in the U.S. Patent and Trademark
Office. CMM Integration, CMMI are service mark of Carnegie Mellon University

- **Projektmanagement,** Fortgeschrittenes (F)

- Inhalt des Prozesses
  - Etablieren der projektspezifisch definierten Prozesse durch die projektspezifische Anpassung des organisationsspezifischen Satzes von Standardprozessen.
  - Etablieren der Arbeitsumgebung für das Projekt basierend auf den organisationsspezifischen Standards für Arbeitsumgebungen.
  - Sicherstellen das die Aufgaben durch die relevanten Stakeholder koordiniert und rechtzeitig erstellt sind

- Ziele des Prozesses
  - Projekte werden entsprechend eines integrierten, definierten Prozesses aufgesetzt und gemanagt. Gleiches gilt für die Einbeziehung der relevanten Stakeholder. Der Prozess wird aus dem organisationsspezifischen Satz von Standardprozessen für die spezifische Aufgabe konfiguriert.
  - Für das Arbeiten mit integrierten Teams ist zusätzlich das gemeinsame Projektverständnis und das Verständnis der Projektziele realisiert.

- **Ziele- /Anforderungsmanagement** (L)
  - Inhalt des Prozesses
    - Verwalten aller Anforderungen, die mit dem Projekt in Verbindung stehen. Dies beinhaltet auch die technischen und nicht-technischen Anforderungen sowie der Anforderungen der Organisation an das Projekt.
    - Die vereinbarten Anforderungen werden als Ziele definiert, um das Liefer- und Leistungsprogramm des Projekts zu planen.
  - Ziele des Prozesses
    - Die Anforderungen an Produkte und Produktbestandteile des Projekts sind erfasst, Ziele daraus abgeleitet und kommittet. Inkonsistenzen zwischen Zielen/ Anforderungen und den Plänen und Arbeitsergebnissen des Projekts sind aufgezeigt und bearbeitet.

Rollen in der Wertanalyse

Definition Rolle:
Eine Rolle nimmt eine Gruppe von Aktivitäten wahr und ist für deren Ausführung incl. der zu erbringenden Ergebnisse verantwortlich.
Es ist zwischen Rolle und Funktion zu unterscheiden, wobei eine Funktion – Abteilungsleiter - die Rollen bsph. Zielemanager, Projektmanager einnehmen kann.

Rolle / Grundschritt	Auftraggeber /Entscheider	Std.- bzw. Anforderungsmanager	Innovationsmanager	Baukastenmanager	Projektleiter	Ziele/Anforderungsmanager / Wertanalytiker	Konzept Verantwortliche	Supply Chain Manager	System Evaluierer	Änderungsmanager	Risikomanager	Anspruchsgruppen	Leiter Fachabteilungen
GS 0 Projekt vorbereiten	Entscheidung	Std.-Am Prozess	Im Inhalte	Bm Inhalte							Rm ggf. Inhalte	Agr Inhalte	L-FA Inhalte
GS 1 Projekt definieren	Entscheidung	Std.-Am Inhalte	Im Inhalte	Bm Inhalte		Z/A=WA Prozess	E, F&C, V, Q ggf. Inhalte	SCM ggf. Inhalte	SE ggf. Inhalte		Rm Inhalte	Agr Inhalte	
GS 2 Projekt planen					PI Inhalte	Z/A=WA Prozess	E, F&C, V, Q ggf. Inhalte	SCM ggf. Inhalte	SE ggf. Inhalte		Rm ggf. Inhalte		
GS 3 Umfassende Daten sammeln		Am Inhalte	Im Inhalte	Bm Inhalte		Z/A=WA Prozess	E, F&C, V, Q Inhalte	SCM Inhalte	SE Inhalte		Rm Inhalte	Agr Inhalte	
GS 4 Funktionen, Kosten, Detailziele festlegen	Entscheidung	Am Inhalte	Im Inhalte	Bm Inhalte	PI Inhalte	Z/A=WA Prozess	E, F&C, V, Q Inhalte	SCM Inhalte	SE Inhalte		Rm Inhalte	Agr ggf. Inhalte	
GS 5 Lösungsideen sammeln Lösungsideen entwickeln		Am Inhalte	Im Inhalte			Z/A=WA Prozess	E, F&C, V, Q Inhalte	SCM Inhalte	SE Inhalte		Rm ggf. Inhalte		
GS 6 Lösungsideen bewerten Arbeitsprogramm festlegen	Entscheidung	Am Inhalte			PI Inhalte	Z/A=WA Prozess	E, F&C, V, Q Inhalte	SCM Inhalte	SE Inhalte		Rm Inhalte		
GS 7 Vorschläge entwickeln Lösung auswählen	Entscheidung		Im Inhalte	Bm Inhalte	PI Inhalte	Z/A=WA Prozess	E, F&C, V, Q Ausführen	SCM Ausführen	SE Ausführen	Aem Inhalte	Rm Inhalte	Agr ggf. Inhalte	
GS 8 Ergebnis präsentieren Entscheidung herbeiführen	Entscheidung				PI Inhalte	Z/A=WA Prozess	E, F&C, V, Q Ausführen	SCM Ausführen	SE Ausführen	Aem Inhalte	Rm Inhalte	Agr Inhalte	L-FA ggf. Inhalte
GS 9 Lösungen realisieren Ergebnis dokumentieren	Entscheidung		Im Inhalte	Bm Inhalte	PI Inhalte	Z/A=WA Prozess	E, F&C, V, Q Ausführen	SCM Ausführen	SE Ausführen	Aem Inhalte	Rm Inhalte	Agr Inhalte	L-FA Inhalte

Abbildung 28 Rollen und deren Einbindung in die Wertanalyse

Rollen in der Wertanalyse bsph.
Auftraggeber /Entscheider, 1; Std.-Anforderungsmanager /Anforderungsmanager, 2; Innovationsmanager, 3; Baukastenmanager, 4; Projektmanager, 5; Ziele-/Anforderungsmanager = Wertanalytiker, 6; Konzept Verantwortliche E, F&C, V, Q, 7; Supply Chain Manager, 8; System Evaluierer, 9; Änderungsmanager, 10; Risikomanager, 11;

o **Ziele- /Anforderungsmanager = Wertanalytiker (6)**

- Aufgaben
  - die Methode Wertanalyse im Projekt als Leitmethode einzusetzen
  - 360° Ziele (bsph. Eigenschaft,...) inkl. Prämissen u. Anforderungen für das Produkt/ die Produktlinie transparent zu machen.
  - Nahtstelle zwischen Projekt und internem/ externem Umfeld zu bilden (Kunde/ Fachabteilungen FA)
  - Ziele, Anforderungen, Prämissen durch die FA plausibilisieren zu lassen
  - Verwendung von Standards, Baukästen, Innovationen entsprechend den vereinbarten Zielen herbeizuführen
  - Ergebnisse der integrierten FA zusammenzufassen
  - an den Auftraggeber zu berichten
  - das Projekt verantwortlich zu steuern und zu führen (Funktional/Qualität, Kosten)
  - das Committment zu Zielen, Anforderungen, Prämissen und Terminen mit den FA herbeizuführen
  - Reifegrade und Risiken für das 360° Zielesystem darzustellen und Handlungsbedarf abzuleiten
  - 360° Ergebnis an den Entscheidungspunkten herbeizuführen und darzustellen
  - Gesamtoptimum des Produktes zur *Vereinbarung Konzept, Vereinbarung Produkt* sicherzustellen
  - ggf. Änderungsmanagement des Zielsystems ab Vereinbarung Konzept wahrzunehmen

- Rechte, Kompetenzen
  - Ziele, Anforderungen, Prämissen zur Bewältigung der Aufgabenstellung einzufordern
  - FA-Ergebnisse und deren Bewertung zur Erstellung der Berichte an den Auftraggeber einzufordern
  - Ressortübergreifende Zielkonflikte (mit bewerteten Lösungsalternativen) an den Auftraggeber zu eskalieren

- Verantwortung, Pflichten
  - 360° Ziele, Anforderungen und Prämissen termingerecht und vollständig zu erfüllen
  - Serienreife der benötigten Produkte /Produktvarianten zu sichern
  - Zielkonflikte (Chancen/Risiken) im Zielsystem rechtzeitig aufzuzeigen
  - Risiken und Abweichungen zu erkennen
  - Maßnahmen zur Minimierung von Risiken und Abweichungen einzuleiten
  - Projekt-Entscheidungen vorzubereiten
  - Entscheidungen bei Kunden und Lenkungskreis herbeizuführen

- Zeitliche Gültigkeit der Rolle
  - Grundschritt 1 bis Grundschritt 8/ 9

Benötigte Kompetenzen in der Wertanalyse

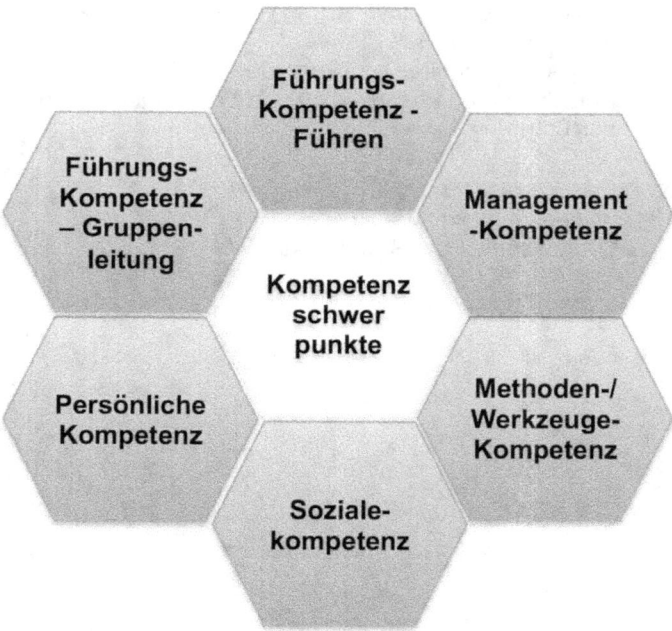

Abbildung 29 Kompetenzschwerpunkte in der Wertanalyse

Inhalte und Ausprägungen der Kompetenzen orientieren sich an der VDI Richtlinie *Wertanalytiker/ Value Manager* VDI 2801 Blatt 1: 2010-05 Berlin: Beuth-Verlag

- **Managementkompetenz**
Managementkompetenz ist für die Rollenverantwortlichen (alle oder spezifische) in allen Phasen erforderlich. Aus diesem Grunde wird sie hier in ihren Ausprägungen zentral für alle Rollen beschrieben.

- Relevante Gremien erkennen und frühzeitig einbeziehen
  - Betriebsverfassungsrechtliche Organe
  - Offizielle Interessenvertretungen
  - Offizielle Berichts- und Entscheidungswege

- Informellen Informationsaustausch pflegen
  - Informelle Informationsquellen erkennen
  - Informellen Informationsaustausch nutzen

- Informellen Organigramme kennen
  - Offizielle Organigramme kennen - informelle Strukturen erkennen
  - Informelle Organigramme erkennen und Relevanz für die Arbeit beurteilen
  - Meinungsführer erkennen
    (Anforderungs-, Projekt-, Zielemanager)
  - Informationen, welche die jeweiligen Strukturen bieten, sinnvoll nutzen

- Das Projekt im Unternehmen repräsentieren
  (Auftraggeber, Projekt-, Zielemanager)
  - Projekt in seiner Bedeutung für das Unternehmen erkennen und entsprechend repräsentieren
  - Interessen der einzelnen Projekt-Mitglieder, gegenüber anderen Interessen vertreten
  - Projekt in angemessener Weise "gegen Angriffe verteidigen"
  - Projekt gegebenenfalls unter Wahrung und Ausgleich der Interessen aller Beteiligter auflösen oder verändern
  - Sich der Rolle des Unternehmers im Unternehmen auf Zeit bewusst sein
    (Anforderungs-, Projekt-, Zielemanager)

- Ergebnis- und Statuspräsentationen adressatenorientiert planen und durchführen
  - Ergebnis und Statuspräsentationen dramaturgisch planen und erfolgreich durchführen *(Projekt-, Zielemanager)*
  - Relevante Präsentationstechniken sicher beherrschen
  - Relevante rhetorische Fertigkeiten beherrschen
  - Interessen anwesender Entscheidungsträger erkennen und berücksichtigen
  - Auf Einwände der Entscheidungsträger angemessen reagieren

- **Führungskompetenz - Führen**
Führungskompetenz ist für die Rollenverantwortlichen (alle oder spezifische) in allen Phasen erforderlich. Aus diesem Grunde wird sie hier in ihren Ausprägungen zentral für alle Rollen beschrieben.

- Rollenkompetenz
  - Führungskraft mit /oder mit eingeschränkten disziplinarischen Möglichkeiten
  - alltägliches Führungsverhalten

- Diagnostische Kompetenz
  (Auftraggeber, Projekt-, Zielemanager)
  - spezielle Fähigkeiten und Fertigkeiten bei den Projektmitglieder erkennen
  - Projekt-Team (wenn möglich) an den Kompetenzen der potentiellen Mitglieder orientiert zusammenstellen
  - Aufgaben (wenn möglich) entsprechend der Kompetenzen der Mitglieder delegieren und koordinieren
  - distanzierter Blick auf das Gesamtgeschehen und dessen Notwendigkeiten

- Führungsmethodenkompetenz
  - Führung durch Zielvereinbarung
  - Konsequenzen planen und ausführen
  (Auftraggeber, Projekt-, Zielemanager)

- Beratungskompetenz
  - Kompetenzen der Mitglieder fördern
  - zu deren Erweiterung beitragen

- Kompetenz zum laufenden Paradigmenwechsel
  (Auftraggeber, Anforderungs-, Projekt-, Zielemanager)
  - projektinterne Interessen und Notwendigkeiten zu den größeren Zusammenhängen und Bedürfnissen des Gesamtunternehmens in Beziehung setzen größtmögliche Balance herstellen zwischen den Projektinteressen, den Unternehmensinteressen und den Interessen der Projekt-Teammitglieder

o **Führungskompetenz - Gruppenleitungskompetenz**

- Methodenkompetenz
  o Diskussionsleitungsmethoden kennen und beherrschen
  o Die wesentlichen Moderationstechniken beherrschen
  o Aus verschiedenen Methoden situationsgerecht die angemessene auswählen können
  o Dramaturgie für Meetings sicher entwickeln können

- Gruppendynamische Kompetenz
  (Auftraggeber, Anforderungs-, Projekt-, Zielemanager)
  o wesentliche Elemente der Gruppendynamik kennen und in die Tätigkeit einbeziehen
  o Entwicklungsstadien einer Gruppe kennen und erkennen
  o Konflikte und Krisen erkennen, dazu muss er wesentlichen Konfliktarten kennen, wie Rollenkonflikte,
  o Interessenkonflikten usw.
  o Konflikte ansprechen, Konflikte bearbeiten
  o Neue Projektmitglieder integrieren
  o Die Trennung von Projektmitgliedern einleiten und begleiten
  o Die Projektgruppe durch alle Phasen der Gruppenentwicklung inkl. Entstehung und Auflösung begleiten
  o Effektive individuelle Spielregeln für die Projektgruppe mit der Gruppe entwickeln und vereinbaren
  o Die Projektgruppe bei der Überwachung der Einhaltung der Spielregeln unterstützen
  o Die Interessen von Einzelnen und Projektgruppe ausbalancieren, um Hochleistung zu erzielen
  o Für die Dauer des Projektes für Identifikation mit Projekt, Prämissen, Anforderungen und Zielen sorgen

- Gesamtprozess angemessen gestalten
  (Auftraggeber, Anforderungs-, Projekt-, Zielemanager)
  o Kick off Meetings
  o Status Meetings
  o Reviews, ggf. auf virtuellem Weg gestalten

- **Soziale Kompetenz**
  Soziale Kompetenz ist für die Rollenverantwortlichen (alle oder spezifische) in allen Phasen erforderlich. Aus diesem Grunde wird sie hier in ihren Ausprägungen zentral für alle Rollen beschrieben.

  - Kommunikationskompetenz
    - Kommunikationssituationen erkennen, analysieren und gestalten
    - Partnerorientierte Kommunikation beherrschen
    - Kommunikative Rahmenbedingungen schaffen und erhalten um motiviert hohe Leistungen zu erbringen
    - Aktiv Zuhören können
    - Entdeckte Konflikte und Krisen mutig ansprechen
    - Sich deutlich und verständlich ausdrücken
    - Rhetorik und Präsentationstechniken beherrschen
    - Feedbackmethode beherrschen, erfolgreich einführen und anwenden *(Auftraggeber, Projekt-, Zielemanager)*

- **Persönliche Kompetenz**
Persönliche Kompetenz ist für die Rollenverantwortlichen in allen Phasen erforderlich und wird hier in ihren Ausprägungen zentral für alle Rollen beschrieben.

* Selbstbewusstsein - Abgleich Selbst- und Fremdbild
  - Einfordern und verarbeiten von Feedback zu seiner Person und seinem Verhalten
  - Verfolgen und kommunizieren klarer eigener Ziele
  - Bewusstsein eigener Stärken und Schwächen und deren Einbeziehen in das Handeln

* Stressresistenz
  - Sich ständig ändernde Kontextbedingungen
  - Gegen Krisen in der Projektgruppe *(Projekt-, Zielemanager)* und der Aufgabenbewältigung
  - kurzfristig veränderte Kundenwünsche
  - sich ändernde Projektgruppenzusammensetzung

* Weitere Komponenten sozialer Kompetenz
  - sicher mit persönlichem Stress umgehen
  - glaubwürdig, authentisch sein, Menschen begeistern
  - pro aktiv und neugierig auf Menschen zugehen
  - Leistung seiner Mitarbeiter bewusst sein und würdigen
  - hohe Eigenmotivation, hohe Frustrationstoleranz
  - offen, konstruktiv mit Problemen /Ängsten anderer umgehen *(Auftraggeber, Projekt-, Zielemanager)*

* Zeitmanagement
  - Prioritäten setzen
  - Wichtiges von Dringlichem unterscheiden
  - exzellentes Zeitmanagement besitzen
  - Multitasking Fähigkeiten besitzen

* Lern- und Anpassungsfähigkeit
  - sich wandelnde Bedingungen berücksichtigen
  - sich ständig selbst weiterentwickeln und weiterbilden
  - sich ständig neuen Herausforderungen stellen

Kompetenzen	Detailanforderungen	notwendig für Rolle	Basis	Standard	Fortgeschritten	Professionell	Excellent
Managementkompetenz	Relevante Gremien erkennen und frühzeitig einbeziehen	✓			X		
	Informellen Informationsaustausch pflegen	✓			X		
	Informellen Organigramme kennen	✓			X		
	Das Projekt im Unternehmen repräsentieren	✓			X		
	Ergebnis- und Statuspräsentationen adressatenorientiert planen und durchführen	✓			X		
Führungskompetenz - Führen	Rollenkompetenz	✓				X	
	Diagnostische Kompetenz	✓				X	
	Führungsmethodenkompetenz	✓				X	
	Beratungskompetenz	✓				X	
	Kompetenz zum laufenden Paradigmenwechsel	✓				X	
Führungskompetenz - Gruppenleitungskompetenz	Methodenkompetenz	✓				X	
	Gruppendynamische Kompetenz	✓				X	
	Gesamtprozess angemessen gestalten	✓				X	
Soziale Kompetenz	Kommunikationskompetenz	✓				X	
Persönliche Kompetenz	Selbstbewusstsein - Abgleich von Selbst- und Fremdbild	✓				X	
	Stressresistenz	✓				X	
	Weitere Komponenten sozialer Kompetenz	✓				X	
	Zeitmanagement	✓				X	
	Lern- und Anpassungsfähigkeit	✓				X	
Methoden-/Werkzeug-Kompetenz	*Methoden zur Definition von Strategie und Zielen*						
	- Technology Forecasting (A)						
	- Szenariotechnik (B)	✓			X		
	- Technology Roadmap (C)	✓		X			
	- Analyse der Anspruchsgruppen (D)	✓			X		
	- Market research (E)	✓		X			
	- Quality Function Deployment (QFD, F)	✓			X		
	Methoden zur Entwicklung von Produkten						
	- Value Analysis /Value Engineering (VA/VE, G)	✓			X		
	- Funktionen-Analyse (FA, H)	✓			X		
	- Funktionale-Leistungs-Beschreibung (FLB, H)	✓			X		
	- Design to Objectives / Cost (DtC, I)	✓			X		
	- Target Costing, Costing (TC, J)	✓			X		
	- Konfigurations-/Variantenmanagement (K)	✓		X			
	- Kreativitäts-Techniken (L)	✓		X			
	- Risiko-/ Problemanalyse (RA/ PA, O)	✓			X		
	- Änderungsmanagement (P)	✓		X			
	Methoden zur Auswahl/ Entscheidungsfindung						
	- Vorgehensentscheidung (VG, Q)	✓		X			
	- Nutzwert-Analyse (Q)	✓			X		
	- Entscheidungs-Vorbereitung (EV, Q)	✓			X		
	Methoden zur Absicherung erarbeiteter Ergebnisse						
	- Design for Manufacturing & Assembly (DFM/ DFA, M)	✓		X			
	- Failure Mode and Effect Analysis (FMEA, N)	✓		X			
	- Problem-Analyse (PA, N)	✓		X			
	- Vorgehens-Absicherung (VA, N)						
	Werkzeuge zur Definition von Strategie und Zielen						
	- Benchmark (I)	✓			X		
	- ABC-Analyse/ Pareto-Analyse (II)	✓			X		
	- Auswahl Projekt (III)	✓			X		
	- Bewertung der Projektrentabilität (IV)	✓		X			
	Werkzeuge zur Entwicklung von Produkten						
	- Analyse von Beeinflussungen (V)	✓			X		
	- Morphologisches Tableau (VI)	✓				X	
	Werkzeuge zur Auswahl/ Entscheidungsfindung						
	- Ressourcenplanung (Plan/ Ziel-Abgleich, VII)	✓			X		
	- Kosten/ Nutzen-Analyse (VIII)	✓			X		
	- Teamarbeit (IX)	✓			X		
	- Moderationsmethode (X)	✓			X		
	- Paarweiser Vergleich (unvollständiger, XI)	✓				X	
	- Kostenbewertungsverfahren – Schätzklausur (XII)	✓		X			
	- Definition von Arbeitspaketen (AP, XIII)	✓		X			
	- Liste offener Punkte (LOP, XIV)	✓		X			
	Werkzeuge zur Absicherung erarbeiteter Ergebnisse						
	- Prozess-Analyse (XV)	✓		X			
	- Herstellbarkeits-Analyse (XVI)	✓		X			
	- Kontinuierlicher-Verbesserungs-Prozess (KVP, XVII)	✓	X				
	- 5S-Methode (XVIII)	✓	X				

Abbildung 30 Anforderungsprofil Ziele-/Anforderungsmanager = WERTANALYTIKER in der Wertanalyse

x ... Zielwert Kompetenz

Methoden in der Wertanalyse und deren Lokalisierung im PEP-VR©

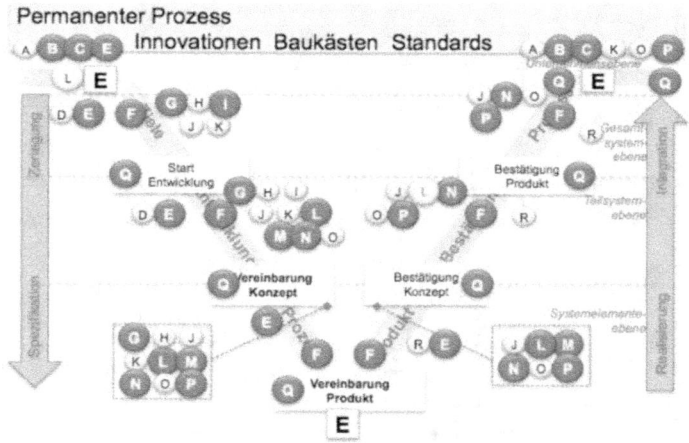

Abbildung 31 *Methoden* und deren Lokalisierung im **PEP-*VR*©**

Methoden in der Wertanalyse

Die Arbeit in der Wertanalyse wird durch den Einsatz von in der Praxis bewährten Methodiken, Methoden und Werkzeugen unterstützt. Die Methodiken bzw. Methoden können in vier Gruppen gegliedert werden.

- Methoden zur Definition von Strategie und Zielen
- Szenariotechnik (B)
- Technology Roadmap (C)
- Market research (E)
- Quality Function Deployment (QFD, F) als Schnittstellenmethode

- Methoden zur Entwicklung von Produkten
- Value Analysis /Value Engineering (VA/VE, G)
- Design to Cost (DTC, I)
- Kreativitäts-Techniken (L)
- Änderungsmanagement (P)

- Methoden zur Auswahl und systematischen Entscheidungsfindung
- Nutzwert-Analyse
- Entscheidungsanalyse (Q)

- Methoden zur Absicherung erarbeiteter Ergebnisse
- Design for Manufacturing and Assembly (DFM, DFA)
- Failure Mode and Effect Analysis (FMEA, N) in den Ausprägungen System-, Design-, Prozess-Analyse

- **Analyse der Anspruchsgruppen**
  - Ziel
  Die relevanten Anspruchsgruppen und ihre Interessen erkennen;

  die Bedeutung der Anspruchsgruppen für das Unternehmen einschätzen und klären;

  Anregungen geben für den Umgang mit den Interessen, Anforderungen und Bedürfnissen der Anspruchsgruppen.

  - Vorgehen
  Wie verhält sich das Unternehmen gegenüber seinen Kunden und wie verhalten sich diese gegenüber dem Unternehmen?

  Wie positioniert und handelt das Unternehmen gegenüber seinen Wettbewerbern? Und wie handeln diese?

  Welche Anforderungen stellen staatliche Einrichtungen und sonstige Verwaltungsorgane? Welche Handlungen des Unternehmens sind davon betroffen?

  - Arbeitsform
  Interdisziplinäre Teamarbeit; Einzelarbeit möglich

  - Ergebnis
  Diagramm, in dem die Anspruchsgruppen ergänzt und deren Erwartungen zusammengefasst werden.

  - Einsatz in der Wertanalyse
  Grundschritt 0; 1; 7; 8

- **Market research**
  - Ziel
  Durch die Beobachtung des Marktgeschehens und des Unternehmensumfeldes Informationen gewinnen und auswerten.

  - Vorgehen
  Kontinuierlicher, systematischer, auf wissenschaftlichen Methoden basierender Prozess mit zwei Schwerpunkten
    - Primärer Market research
    Markterhebungen bsph. in Form von Interviews, Gruppengesprächen
    - Sekundärer Market research
    Desktop-, Literatur, Datenbanken-research

  - Arbeitsform
    - Primärer Market research
    Interviews (strukturiert, frei), Gruppendiskussionen, Produktkliniken
    - Sekundärer Market research – Einzelarbeit

  - Ergebnis
  Basisdaten in Form von qualitativen und quantitativen Aussagen für Entscheidungen über die 4 marktentscheidenden Ps: Product - Price - Place - Promotion - (Persons)

  - Einsatz in der Wertanalyse
  Grundschritt 0; 1; 3

- **Quality Function Deployment**
  - Ziel
    Das Produkt, orientiert an den Anforderungen und entsprechend deren Wertigkeit aus Sicht der Anspruchsgruppen gestalten → Sprache der Kunden in die der Ingenieure übersetzen.

  - Vorgehen
    Erstellen von projektrelevanten Tableaus beginnend mit dem House of Quality (HoQ).
    Schritt 1 Kundenwünsche erfassen (*Market research*)
    Schritt 2 Kundenwünsche wichten (*Paarvergleich*, ...)
    Schritt 3 benötigte Produkteigenschaften definieren
    Schritt 4 Kundenwünsche mit Eigenschaften vernetzen
    Schritt 5 Ranking der Eigenschaften erstellen –
    Schritt 6 Eigenschaften mit Eigenschaften vernetzen

    Das HoQ kann entsprechend Bedarf mit weiteren Aspekten bsph Erfüllung der Kundenwünsche durch Wettbewerber ergänzt werden.
    Jedes weitere House entsteht durch Schwenken der Kopfzeile bsph. Eigenschaften um 90° gegen den Uhrzeigersinn, Eintragen bsph. der Teilsysteme in die Kopfzeile und der Wiederholung des beschriebenen Prozesses.

  - Arbeitsform
    Interdisziplinäre Teamarbeit; bei HoQ sinnvoll mit Beteiligung von Vertretern von Anspruchsgruppen

  - Ergebnis
    Kenntnis über das Ranking und die Vernetzung von Eigenschaften aus Sicht der Kunden /Anspruchsgruppen.

  - Einsatz in der Wertanalyse
    Grundschritt 3; 4;(7; 9)

- **Funktionenanalyse**
  - Ziel
  Vollständige Beschreibung der einzelnen Funktionen (Eigenschaften, Wirkungen) einer Leistung und deren Beziehungen und Abhängigkeiten. Die Funktionen werden systematisch ermittelt, dargestellt, klassifiziert und bewertet.

  - Vorgehen
    Schritt 1   Anforderungen von Anspruchsgruppen systematisch ermitteln
    Schritt 2   *Nutzer Bezogene Funktionen* (NBF) – die WAS? – erarbeiten
    Schritt 3   *Produkt Bezogene* (PBF) – die Lösung beschreibende Funktionen, die WIE's – aus den NBF ableiten
    Schritt 4   PBF bewerten (unnötig, unerwünscht)
    Schritt 5   Funktionendiagramm erstellen d.h. Anforderungen, NBF's, PBF's und deren Abhängigkeit grafisch darstellen

  - Arbeitsform
  Interdisziplinäre Teamarbeit; mit Matrizen unterstützter, systematischer Prozess

  - Ergebnis
  Grafische, hierarchisch gegliederte Darstellung der Wirkungen einer Leistung. Diese Gliederung bildet die Basis für die Zuordnung für deren Realisierung zulässiger (Functional Area Matrix) bzw. aufgewendeter Kosten (Function cost matrix).

  - Einsatz in der Wertanalyse
  Grundschritt 4

- **Funktionale-Leistungs-Beschreibung**
  o Ziel
  Ein Dokument zur Spezifikation der funktionalen Leistungsmerkmale (Anforderungen) und deren Umsetzung.

  o Vorgehen
  Schritt 1   Anforderungen der Anspruchsgruppen darstellen - NBF, Vorgaben, Prämissen
  Schritt 2   Bewertungskriterien für jede Eigenschaft/ Funktion festlegen
  Schritt 3   Niveaus und Flexibilität – Gestaltungsspielraum, um die Niveaus zu erreichen – festlegen → *FLB*
  Schritt 4   Ziel-Herstellkosten den Anforderungen zuordnen und Umsetzung terminieren
  → *Lastenheftentwurf, verzielte Anforderungen*
  Schritt 5   Geeignete Ideen, Lösungen, Baukastenelemente mit der geprüften Stimmigkeit und Machbarkeit der Anforderungen dokumentieren und vereinbaren → *Lastenheft / Vereinbarung Konzept*
  Schritt 6   Geprüfte, detaillierte Lösungen, Anteile Innovation und Baukastenelemente dokumentieren und vereinbaren → *Pflichtenheft/ Vereinbarung Produkt*
  Schritt 7   Nach Vereinbarung Konzept ggf. Änderungen an Anforderungen, ...mit Maßnahmen festhalten und terminieren (spätestens an jedem Projekt-Entscheidungspunkt)→ 360° DS

  o Arbeitsform
  Interdisziplinäres Arbeitsteam

  o Ergebnis
  Dokument zur Projektverfolgung

  o Einsatz in der Wertanalyse
  Grundschritt 4ff

- **Target Costing, Costing**
  (Ableitung Ziel-Herstellkosten)
  o Ziel
  Ziel-Herstellkosten für die Erstellung eines Produktes auf Grund von Wettbewerbsinformationen festlegen. Die Ziel-Herstellkosten dienen als Kostenrahmen im Zusammenhang mit der Entwicklung bzw. Optimierung des spezifischen Produktes.

  o Vorgehen
  Schritte zur Festlegung von Ziel-Herstellkosten:
  Schritt 1 Geplantes Produkt im Preis-/ Kundennutzen-Portfolio positionieren und Zielpreis festlegen (Prämisse: Preissituation bei Markteintritt).
  Schritt 2 Erwarteten Gewinn und zulässige Produkt-Nebenkosten (Absolut-Werte) definieren und von festgelegtem Marktpreis abziehen
  → Ziel-Herstellkosten Gesamtsystem.
  Schritt 3 Ziel-Herstellkosten Gesamtsystem auf Teilesystemebene und niedriger herunterbrechen
  Die Formulierung der Ziel-Herstellkosten basiert auf einem weitreichenden, in den Gesamtprozess der Produktentstehung eingebetteten Kostenplanungs-, -steuerungs- und -kontrollprozess.
  Das Erreichen der Zielkosten wird durch bekannte Kostenrechnungsverfahren unterstützt.

  o Arbeitsform
  Interdisziplinäres Arbeitsteam

  o Ergebnis
  Ziel-Herstellkosten für das Gesamtsystem und Teile davon abgeleitet aus erreichbaren Marktpreisen.

  o Einsatz in der Wertanalyse
  Grundschritt 0; 1; 4;(6; 7)

- **Kreativitätstechniken**
  o Ziel
  Neue Lösungsansätze für erkannten Handlungsbedarf erarbeiten.

  o Vorgehen
  In der Regel werden 4 Phasen durchlaufen:
  Phase 1   Verfügbare, benötigte Informationen sammeln, aufbereiten - *Was ist?*
  Kreative Spannung erzeugen - *Was soll sein?*
  Phase 2   Vorhandene Ideen sammeln, neue Ideen erarbeiten
  Phase 3   Genannte Ideen kombinieren, abwandeln, neue Ideen generieren –
  Wie kann es gehen (Weg von Ist zu Soll)?
  Phase 4   Ideen bewerten, Lösungsansätze entwickeln und weiter zu verfolgende entscheiden -
  Was ist der beste, kostengünstigste, ... Weg?
  Bisweilen ist es sinnvoll/ notwendig, die Phasen 2 und 3 mit dem Ziel die Qualität der Ideen zu steigern, mehrfach zu durchlaufen.

  o Arbeitsform
  Bei den in der Kreativitätstechnik eingesetzten Methoden differenziert man in
  - intuitive (Brainstorming, 635,..) – interdisziplinäre Teamarbeit
  - logisch, systematische Methoden (Morphologischer Kasten, Six Thinking Hats, ...) – Einzelarbeit möglich

  o Ergebnis
  Neue, die festgelegten Anforderungen erfüllende Lösungsansätze

  o Einsatz in der Wertanalyse
  Grundschritt 5

- **Risiko-/Problemanalyse**
  - Ziel
  Identifikation und Bewertung von Risiken, damit im Rahmen des Risikomanagements mögliche negative Ereignisse mit Präventionsmaßnahmen vermieden, reduziert oder auf Dritte abgewälzt werden können.

  - Vorgehen
    Schritt 1   Erkannte, mögliche, denkbare Risiken erfassen und dokumentieren
    Schritt 2   Höhe und Auswirkung des jeweiligen Risikos bewerten
    Schritt 3   Wahrscheinlichkeit des Eintritts des jeweiligen Risikos bestimmen
    Schritt 4   Risiko-Diagramm erstellen und Maßnahmen für vorab festgelegte Schwellwerte übersteigende Risiken planen, bewerten und terminieren

  - Arbeitsform
  Interdisziplinäre Teamarbeit

  - Ergebnis
  Kenntnis möglicher Risiken und der sinnhaften Präventionsmaßnahmen (Maßnahme incl. Aufwand, Terminierung)

  - Einsatz in der Wertanalyse
  Grundschritt 0; 2; 4; 6; 7; 8; 9

- **Failure Mode and Effect Analysis (FMEA)**
  - Ziel
  Potentielle Fehler - Fehlermöglichkeiten, Fehlerfolgen, Fehlerursachen - aufzeigen, daraus resultierende Risiken bewerten und minimierende Maßnahmen festlegen.
  FMEA-Arten, Betrachtungsumfang und Ziele:
    - System-: Zusammenwirken einzelner Teilsysteme
      → funktionierendes (Gesamt-)System
    - Konstruktions-: Teilsysteme und Systemelemente
      → einwandfreier Entwurf
    - Prozess-: Fertigungs- und Montageprozess
      → einwandfreie Prozesse/ Pläne

  - Vorgehen
    Schritt 1 FMEA-Art wählen und Vorgehen planen.
    Schritt 2 Funktionen der Elemente entsprechend FMEA-Art festlegen.
    Schritt 3 Pot. Fehlerarten und -ursachen erarbeiten.
    Schritt 4 Schwere (S), Entdeckungs-(E) und Auftretens- (A) Wahrscheinlichkeit beschreiben.
    Schritt 5 Schwere (S), Entdeckungs-(E) und Auftretens- (A) Wahrscheinlichkeit bewerten.
    Schritt 6 Risikozahl RZ=$\sum$ S*E*A bilden.
    Schritt 7 Risikobaustellen RZ > Grenzwert und Maßnahmen zur Minimierung erarbeiten.
    Schritt 8 Maßnahmen terminieren, Verantwortliche bestimmen.

  - Arbeitsform
  Interdisziplinäre Teamarbeit; mit Matrizen unterstützt

  - Ergebnis
  Maßnahme zur Minimierung von Fehlern und Risiken entsprechend FMEA-Art (Arten siehe oben)

  - Einsatz in der Wertanalyse
  Grundschritt 7 System; 8 Design; 9 Design, Prozess

- **Entscheidungs-Vorbereitung**
  (ähnlich Kepner –Tregoe)
  o Ziel
  Alternativen darstellen und deren Ziel-Erfüllung orientiert an vorab festgelegten Kriterien vergleichen und bewerten.

  o Vorgehen
  Schritt 1 Ziel der EV festlegen.
  Schritt 2 Muss-Ziele erarbeiten/ übernehmen.
  Schritt 3 Wunsch-Ziele erarbeiten/ übernehmen.
  Schritt 4 Wunsch-Ziele gewichten/ übernehmen.
  Schritt 5 Alternativen den Zielen zuordnen.
  Schritt 6 Erfüllung der Muss-Ziele (J/N) ermitteln.
  Wird ein Muss-Ziel nicht erfüllt schiedet die Alternative aus dem Bewertungsverfahren aus.
  Schritt 7 Erfüllung der Wunsch-Ziele ermitteln.
  Skalierung 10 .. sehr gut, 1 .. mangelhaft erfüllt;
  Summen-Produkt aus Gewicht x Erfüllung der Wunschziele je Alternative ermitteln
  Schritt 8 Risiken der Alternativen und deren Tragweite erarbeiten.
  Schritt 9 Maßnahmen zur Risiko-Minimierung festlegen und bewerten.
  Schritt 10 Zu entscheidende Alternative bestimmen

  o Arbeitsform
  Interdisziplinäre Teamarbeit; Beteiligung von Anspruchsgruppen sinnvoll

  o Ergebnis
  Die, auf Grund des Grades an Ziel-Erfüllung weiter zu verfolgende Alternative liegt ausgewählt zur Entscheidung vor.

  o Einsatz in der Wertanalyse
  Grundschritt 0; 1; 4; 6; 7; 8; 9

Werkzeuge zur Unterstützung oder Ergänzung der Wertanalyse Methoden

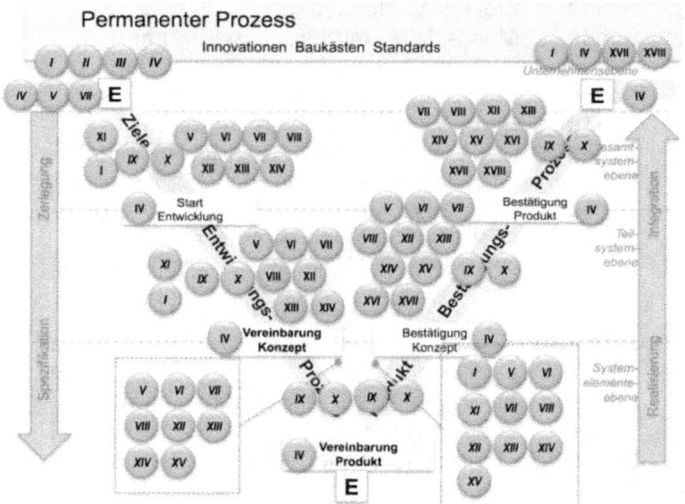

Abbildung 32 Werkzeuge zur Unterstützung/ Ergänzung der Wertanalyse Methoden

- **Benchmark**
  - Ziel
  Wettbewerbs- und eigene Produkte orientiert an technischen und marktrelevanten Kriterien charakterisieren.

  - Vorgehen
Schritt 1	Umfang festlegen, Vorgehen planen.
Schritt 2	Kriterienkatalog erstellen, Kriterien gewichten.
Schritt 3	Wettbewerbs- und eigenes Produkt festlegen.
Schritt 4	Den Erfüllungsgrad (E) der Kriterien durch die zu vergleichenden Produkte ermitteln. Skala 10 ..sehr gut, 1 .. mangelhaft
Schritt 5	Erkenntnisse und Handlungsbedarf aus dem Vergleich ableiten und Maßnahmen festlegen.

    fakultativ

Schritt 6	Gesamterfüllung je Produkt $\sum W*E$ ermitteln
Schritt 7	Wettbewerbs-Portfolio durch Kombination von Gesamterfüllung (horizontale Achse) und Marktpreis (vertikale Achse) erstellen.
Schritt 8	Position des geplanten Produktes im Wettbewerbs-Portfolio festlegen.

  - Arbeitsform
  Interdisziplinäre Teamarbeit; Teilnahme von Anspruchsgruppen sinnvoll; Fragenkatalog

  - Ergebnis
  Stärken/ Schwächen des Wettbewerbs- und eigenen Produktes und resultierenden Handlungsbedarf kennen.

  - Unterstützt/ ergänzt Methode(n) und Werkzeug(e):
  QFD, VA/VE, EV (Kriterien)

  - Einsatz in der Wertanalyse
  Grundschritt 0; 1; 3; 4

- **ABC-Analyse/ Pareto-Analyse**
  - Ziel
    Den Einfluss von Teilmengen auf eine definierte Kenngröße bewerten.

  - Vorgehen
    Schritt 1   Umfang und Vorgehen festlegen.
    Schritt 2   Bewertungspartner festlegen bsph. Aufwand / Anzahl Teile, ..
    Schritt 3   Bewertung durchführen.
    Schritt 4   Ergebnis grafisch aufbereiten.
                Erkenntnisse/ Maßnahmen dokumentieren.

  - Arbeitsform
    Einzelarbeit, Gruppenarbeit möglich

  - Ergebnis
    Entwicklung von Handlungsstrategien basierend auf den erarbeiteten Daten

  - Unterstützt/ ergänzt Methode(n) und Werkzeug(e)
    Eigenständiges Werkzeug

  - Einsatz in der Wertanalyse
    Grundschritt 0; 3

- **Projektrentabilität**
  - Ziel
  Vorschau auf die wichtigsten betriebswirtschaftlichen Daten und daraus abgeleitet auf die Rentabilität eines Projektes.

  - Vorgehen
    Schritt 1 Umfang und Vorgehen planen.
    Schritt 2 Betrachtungszeitraum (5 - 8 -10 J) festlegen.
    Schritt 3 Kosten entsprechend Kostenarten und deren Entwicklung über den Betrachtungszeitraum erarbeiten.
    Schritt 4 Mengen und deren Entwicklung über den Betrachtungszeitraum erarbeiten.
    Schritt 5 Erlöse und deren Entwicklung über den Betrachtungszeitraum erarbeiten.
    Schritt 6 Zinsfaktor entsprechend Unternehmensfestlegung eintragen.
    Schritt 7 Ergebnisse auswerten, Handlungsbedarf festlegen und in Projektplanung integrieren.

  - Arbeitsform
  Interdisziplinäre Teamarbeit; Bewertungsmatrix

  - Ergebnis
  Überblick über die antizipierten Einnahme- und Ausgabeströme, Return on Investment, Rendite eines Produktes vom Start der Entwicklung bis zu dessen Herausnahme aus dem Markt.

  - Unterstützt/ ergänzt Methode(n) und Werkzeug(e)
  Eigenständiges Werkzeug

  - Einsatz in der Wertanalyse
  Grundschritt 0; 1; 4; 7; 8; 9;

- **Black-Box Methode**
  o Ziel
  Reduzierung der Komplexität eines Systems.

  o Vorgehen
  Schritt 1 Umfang und Vorgehen planen.
  Schritt 2 Systemgrenzen festlegen.
  Schritt 3 Wirkungen der Umwelt, des Umfeldes auf das System erarbeiten.
  Schritt 4 Wirkungen des Systems auf die Umwelt, das Umfeld aufzeigen
  Schritt 5 Schnittstellen von für die Projekt-Arbeit relevanten Wirkungen festlegen.
  Schritt 6 Analyse auswerten und Handlungsbedarf festlegen.

  o Arbeitsform
  Interdisziplinäre Teamarbeit; graphische Darstellung

  o Ergebnis
  Systembeschreibung mit Aufzeigen der Wechselwirkungen

  o Unterstützt/ ergänzt Methode(n) und Werkzeug(e)
  Eigenständiges Werkzeug

  o Einsatz i in der Wertanalyse
  Grundschritt1; 3;

- **Morphologisches Tableau („Baukasten")**
  o Ziel
  „Baukasten" mit dem Ziel durch Kombination unterschiedlicher „Bausteine" alternativ Lösungen zu generieren.

  o Vorgehen
  Schritt 1 Umfang und Vorgehen planen.
  Schritt 2 Ordnungskriterien des „Baukastens" festlegen.
  d.h. horizontale und vertikale Achse definieren
  bsph. Ideen vs. Eigenschaften
  Schritt 3 „Baukasten" mit „Bausteinen" füllen.
  bsph. Ideen, Prozessschritte
  Schritt 4 Bausteine zu alternativen Lösungen kombinieren.
  Schritt 5 Alternative Lösungen priorisieren und Handlungsbedarf aufzeigen.

  o Arbeitsform
  Interdisziplinäre Teamarbeit, Einzelarbeit möglich

  o Ergebnis
  Baukasten mit einer Vielzahl von Lösungs-Bausteinen für zukünftige Aufgaben Lösungsalternativen, deren Prioritäten und der zu deren weiteren Konkretisierung benötigte Handlungsbedarf ist beschrieben.

  o Unterstützt/ ergänzt Methode(n) und Werkzeug(e)
  Eigenständiges Werkzeug; Kreativitätstechniken

  o Einsatz in der Wertanalyse
  Grundschritt 6; 7; 8

- **Teamarbeit**
  - Ziel
  Bewältigung von Aufgaben durch eine hinsichtlich der Aufgabenstellung autonom agierenden und leistungsorientierten Gruppe.

  - Vorgehen
    Schritt 1   Aufgabenstellung der Gruppe festlegen.
    Schritt 2   Gruppe aus den zur Bewältigung der Aufgabe benötigten Ressourcen zusammensetzen.
    Schritt 3   Kompetenzen und Pflichten an die Gruppe übertragen.
    Schritt 4   Aufgabenstellung an die Gruppe übertragen, diskutieren /ggf. anpassen und Komittment dazu von den Teammitgliedern erzielen.
    Schritt 5   Ergebnisse – Zwischen-, End-, vom Arbeitsteam einfordern. Empfohlene und /oder benötigte Entscheidungen treffen.
    Schritt 6   Arbeitsteam nach Übernahme des Ergebnisses von Aufgabe entlasten.

  - Arbeitsform
  Die Gruppe ist aufgabenspezifisch zusammengesetzt und vom Auftraggeber mit den für die Aufgabenbewältigung benötigten Befugnissen ausgestattet.

  - Ergebnis
  Gemeinsam von der Gruppe erarbeitete und vertretene Ergebnisse. Dies reduziert bsph „Reibungsverluste" im Rahmen der Umsetzung der Ergebnisse.

  - Unterstützt/ ergänzt Methode(n) und Werkzeug(e)
  Alle Methoden, deren Bearbeitung in einem interdisziplinär zusammengesetzten Team sinnvoll ist

  - Einsatz in der Wertanalyse
  Grundschritt 0 - 9

- **Moderationsmethode**
  - Ziel
  Ziel- und handlungsorientiertes Lösen komplexer Aufgaben in einer Gruppe durch Nutzen des kreativen und fachlichen Potentials aller Beteiligten.

  - Vorgehen
    Schritt 1   Untersuchungsumfang festlegen und planen.
    Schritt 2   Moderator (Leitungsinstanz) bestimmen.
    Schritt 3   Aufgabe ggf. in diskrete Elemente strukturieren und Struktur visualisieren.
    Schritt 4   Aspekte, Ideen zu den einzelnen Elementen erarbeiten und visualisieren.
    Schritt 5   Aspekte, Ideen zu Lösungsansätzen für die Aufgabenstellung kombinieren und bewerten.
    Schritt 6   Zielführendste Kombination auswählen; Handlungsbedarf ableiten und in die Projektplanung integrieren.

  - Arbeitsweise
  Aufgabenspezifisch zusammengesetztes - interdisziplinäres Arbeitsteam; Strukturierungsmethode /-material

  - Ergebnis
  Sachliche und effiziente Ergebnisse sowie die hohe Identifikation der teilnehmenden Personen mit der Lösung.

  - Unterstützt/ ergänzt Methode(n) und Werkzeug(e)
  Teamarbeit; Projektdokumentation und –fortschritt

  - Einsatz in der Wertanalyse
  Grundschritt 0 - 9

Wertanalyse anwenden
Vorgehen, Aufwand und Ergebnisse

4 Schritte der Implementierung

1. Schritt
   Management über Wertanalyse informieren
   Vorgehen abstimmen und
   Start der Arbeit entscheiden

2. Schritt
   InnoVAVE© an das Unternehmen anpassen –
   Modell, Vorgehen, Inhalte, Rollen
   Arbeitsform: Teamarbeit

3. Schritt
   Unternehmensspezifische Wertanalyse genehmigen
   Pilotprojekt auswählen
   Unternehmensspezifischen Wertanalyse evaluieren
   Wertanalyse-Prozesse und Inhalte ggf. anpassen
   Trainingskonzept entscheiden und gestalten
   unternehmensweites Ausrollen der Wertanalyse planen

4. Schritt
   Einführung Wertanalyse wird vom Management entschieden
   Unternehmensweite Trainings und Ausrollen der Wertanalyse

Ergebnisse

• Verbesserung der Prozessreife

Nr.	Kriterium (entsprechend CMMI DEV +IPPD)	RG 2	RG 3	RG 4
2.1	Organisationsweite Leitlinien zur Planung und Durchführung der Arbeitsabläufe des Prozesses sind festgelegt und werden angewendet.	✔	✔	✔
2.2	Pläne für die Durchführung der Arbeitsabläufe des Prozesses sind festgelegt und werden eingehalten	✔	✔	✔
2.3	Angemessene Ressourcen zur Durchführung der Arbeitsabläufe, Erstellung der Arbeitsergebnisse des Prozesses werden bereitgestellt	✔	✔	✔
2.4	Rechte und Pflichten zur Durchführung der Arbeitsabläufe, Erstellung der Arbeitsergebnisse des Prozesses sind zugewiesen.	✔	✔	✔
2.5	Personen, die Arbeitsabläufe des Prozesses ausführen oder unterstützen, werden nach Bedarf aus- und weitergebildet.	✔	✔	✔
2.6	Ausgewiesene Arbeitsergebnisse der Arbeitsabläufe des Prozesses werden angemessen dokumentiert.	✔	✔	✔
2.7	Relevante Anspruchsgruppen der Arbeitsabläufe des Prozesses sind identifiziert und werden ergebnisorientiert einbezogen	✔	✔	✔
2.8	Arbeitsabläufe des Prozesses werden geplant überwacht und gesteuert. Bei Bedarf werden geeignete Korrekturmaßnahmen ergriffen	✔	✔	✔
2.9	Arbeitsabläufe des Prozesses werden auf Einhaltung der geltenden Prozessbeschreibungen, Verfahren, Normen und Standards objektiv bewertet. Abweichungen werden aufgezeigt und bearbeitet.	✔	✔	✔
2.10	Tätigkeiten, Status und Ergebnisse von Arbeitsabläufen der Prozesse werden mit dem höheren Management geprüft. Aufkommende Punkte (Abweichungen, ...) diskutiert und entschieden.	✔	✔	✔
3.1	Beschreibungen von definierten Prozessen des Prozessgebiets liegen vor und werden angewendet		✔	✔
3.2	Arbeitsergebnisse, Kennzahlen, Messergebnisse und Verbesserungsinformationen aus Planung und Durchführung der Arbeitsabläufe des Prozesses werden gesammelt, um die zukünftige Nutzung und Verbesserung von Prozessen und Prozess-Assets der Organisation zu unterstützen.		✔	✔
4.1	Quantitative qualitäts- und leistungsbezogene Ziele für das Prozessgebiet sind ausgerichtet an Kundenbedürfnissen und Geschäftszielen festgelegt und werden angewendet.			✔
4.2	Ein oder mehrere Teilprozesse sind stabilisiert, um die Fähigkeit der Prozesse zu bestimmen, die vorgegebenen quantitativen qualitäts- und leistungsbezogenen Ziele zu erreichen.			✔

Abbildung 33 Verbesserung der Prozessreife durch Implementierung von Wertanalyse

Durch die Implementierung der Wertanalyse und die konsequente Nutzung der enthaltenen Erfolgsfaktoren ist es möglich, Reifegrad 4 nach CMMI-DEV zu erreichen.

Dies bedeutet
- Prozesse sind den Anforderungen gerecht gestaltet
  - nur das wird getan, was der Kunden benötigt
- Zeit und Kosten sind gezielt geplant
- Ressourcen und –einsatz sind gezielt terminiert

- Kostenpotenziale durch Wertanalyse

  ⇩ Entwicklung und Konstruktion   30%

  ⇩ Fertigung/ Montage   10 – 15%

      Produktkosten   bis 30%

  ⇩ Organisation
  (Vertrieb, Supply Chain, ..)   10 – 15%

- Zeitpotenzial

  ⇩ Entwicklungszeit   bis 30%

- Qualität

  ⇩ Fehler- /Ausschussrate   bis 30%

Randbedingungen
Die genannten Werte werden nachhaltig beeinflusst von:
- gegebenem Freiheitsgrad für die Gestaltung
- Veränderungsbereitschaft der Mitarbeitenden
- der konsequenten Umsetzung der Wertanalyse
- konsequentes Fordern und Fördern des Managements

Wertanalyse- Ausbildung nach DIN EN 12 973 und Wert für Europa

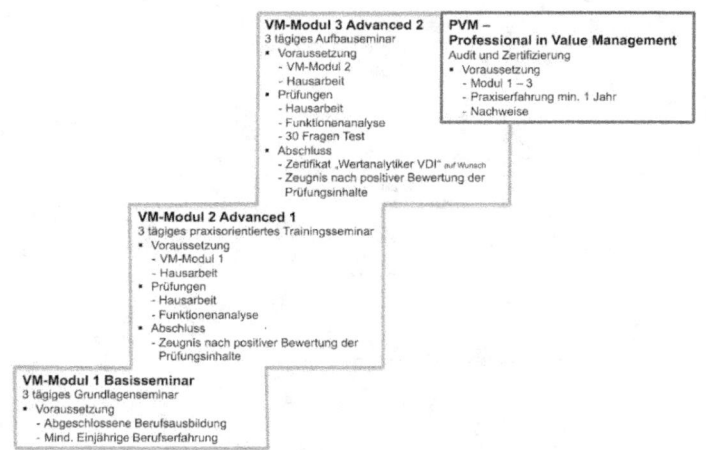

Abbildung 34 Ausbildungsstufen nach DIN EN 12 973

VM- Modul 1 Struktur Basisseminar

- Einführung in das Value Management
  - ❖ Wozu VM?
  - ❖ Einsatzgebiete und Beispiele erfolgreicher Anwendung
  - ❖ Ergebnisse und Randbedingungen
    - ➢ Grundlagen des Value Managements
      - ○ Definition Wert
      - ○ Wertkultur und deren Auswirkung auf die Organisation
        - • Die 4 Schlüsselkriterien
          - • Managementstil
          - • Positive menschliche Dynamik
          - • Beachtung externer und interner Umfeldfaktoren
          - • Wirksamer Einsatz von Werkzeugen und Methoden
      - ○ VM-Rahmenstruktur
        - • Wertkultur
        - • VM-Politik - VM-Programm
        - • VM-Studie
        - • VM-Trainings- und Zertifizierungsprogramm
        - • Bestehende Richtlinien und Normen D+EU, Sava
    - ➢ VM-Studie
      - ○ Methoden und Werkzeuge
        - • Spezifische VM-Methoden
          - • Funktionenorientiertes Denken als Basis aller VM-Methoden
            - Funktionenanalyse
            - Funktionenkostenanalyse
            - Funktionale Leistungs-Beschreibung FLB
        - • Wertanalyse-Methode
          - Einsatz der VM-Methode im Produktlebenszyklus Wert Planung, - Gestaltung, Verbesserung
          - Kundenforderungen (externe und interne)
          - Zieldefinition
          - Beschreibung der Zielausprägungen - Funktionen, Kosten, Zeit
          - Unternehmensstrategie
          - Gesamtwirtschaftlichkeit der VM-Studie
        - • Vorgehensweise und Ablauf - Grundschritte
        - • Teamarbeit
          - Teambildung
          - Teamformung
          - Moderator
          - Informations- und Kommunikationsstruktur
          - Konfliktmanagement
        - • Kreativität
          - Ideen erarbeiten
          - Ideen bewerten und verdichten
          - Lösungen, Konzepten entwickeln
          - Wirtschaftlichkeit von Lösungen prüfen
        - • Ergebnisse präsentieren und Realisierung entscheiden
          - Berichtswesen - Form, Inhalt, Struktur, Zielabgleich, Ergebnisse
          - Sitzungsarten - Kick-off, Arbeits-, Entscheidungssitzung
          - Präsentation - Formen, Teilnehmer, Präsentationsmittel
          - Wertanalyse-Arbeitsplan EN 12973
        - • Unterstützende bzw. weitere wertbedingende Methoden und Werkzeuge
          - QFD, FMEA, DFM/A, Target Costing, ...
      - ○ VM-Programm erstellen
        - • VM-Projekte auswählen und planen
          - Zeit, Ressourcen, Wirtschaftlichkeit
        - • Programm steuern
          - Aufbauorganisation - Aufgabensteller/ Entscheider, Ziele-/Anforderungsmanager, Arbeitsteam
    - ➢ Training der vermittelten Inhalte
      - ○ Übungen zu Funktionenanalyse, ...
      - ○ VM-Studie-Beispiel

Abbildung 35 Wertanalyse Ausbildung Modul 1

VM- Modul 2 Advanced 1

- Erfahrungen aus der VM /WA-Anwendung rückkoppeln
  - VM-Programm erstellen und bearbeiten
    - Projekt auswählen
      - Kriterien der Projektauswahl – Funktionale, wirtschaftliche, terminliche
      - Potentialanalyse
      - Projektwirkung
    - Projekt definieren
      - Projektvorschlag
      - Projektfreigabe, Kick-off
      - Nahtstellen
        - Fachlich, Inhaltliche Nahtstellen
        - Organisatorische Nahtstellen
        - Nahtstellen zu anderen Projekten
        - Zu anderen VM-Studien
        - Zu anderen Projekten allgemein
    - Projektqualitätsplanung und Projekteffektivitätsmessung
  - VM-Studie – Wissen vertiefen
    - Funktionenorientiertes Denken
      - Funktionenanalyse – Baumstruktur
      - Funktionen Kostenanalyse
      - F.A.S.T.
    - Teamarbeit
      - Teamverständnis – Teamregeln
      - Kommunikationsstruktur
      - Kooperationsstruktur – Kommunikation Kooperation Motivation
      - Konfliktmanagement
      - Rollen im Team
        - Wertanalytiker – Ziele- /Anforderungsmanager
          - Arten der Moderation
          - Anforderungen und Auswahl
          - Aufgaben, Rechte und Pflichten
        - Teammitglieder
          - Anforderungen und Auswahl
          - Aufgaben, Rechte und Pflichten
        - Auftraggeber /Entscheider bzw. Steuerungsgremium
          - Anforderungen
          - Aufgaben, Rechte und Pflichten
    - Kreativität
      - Bekannte und bewährte, die Kreativität fördernde Methoden
      - Den kreativen Prozess unterstützende Methoden
    - Wertanalyse-Arbeitsplan EN 12973 und dessen Einsatz im Produktlebenszyklus
  - Unterstützende bzw. weitere wertbedingende Methoden kennen
    - QFD, Target Costing, DFMA, Nutzwert-Analyse, FMEA, ...
    - Vernetzung der wertbedingenden Methoden mit der WA-Methodik
  - VM-Trainings- und Zertifizierungsprogramm kennen
    - Inhalte und Ablauf
    - Perspektiven aus dem VM-Trainings- und Zertifizierungsprogramm
  - Vermittelten Inhalte trainieren
    - Intensive Übungen
      - Funktionenanalyse, Funktionenkostenanalyse
      - F.A.S.T. und Baumstruktur
      - Konfliktmanagement, ...
    - VM-Studie-Beispiel
      - Praxisbeispiel mit Rückkopplung zur Moderations- und Teamsituation

- Voraussetzung zur Teilnahme
  - Nachweis der Teilnahme an 2 WA-Projekten
  - Hausarbeit – Dokumentation eines WA-Projektes

- Prüfungen
  - Hausarbeit – mit Bewertungsbogen
  - Funktionenanalyse - Einzelarbeit

Abbildung 36 Wertanalyse Ausbildung Modul 2

VM- Modul 3 Advanced 2 – Abschluss Wertanalytiker

- Erfahrungen aus der VM /WA-Anwendung rückkoppeln
  - Grundlagen des Value Managements
    - VM-Rahmenstruktur
      - Werkkultur
      - VM-Politik - VM-Programm
      - VM-Studie
      - VM-Trainings- und Zertifizierungsprogramm
      - Bestehende Richtlinien und Normen D+EU, Save
  - VM- Schlüsselkriterien und deren Entwicklung kennen
    - Managementstil
      - Grundlagen der Organisationsgestaltung
      - Zielentwicklung
        - Zieldefinition
        - Ziele und Arbeiten innerhalb der Unternehmensstrategie
      - Organisationsentwicklung
    - Positive menschliche Dynamik
      - Teamverständnis - Teamregeln
      - Kommunikation, Kooperation, Motivation
      - Sozialpsychologische Aspekte
      - Konfliktmanagement
        - Konfliktarten
        - Auslöser von Konflikten
        - Strategien zur Konfliktbewältigung
      - Rollen
        - Wertanalytiker - Ziele- /Anforderungsmanager - organisatorische Aufgaben
          - VM-Marketing
          - Koordination der VM-Aktivitäten
          - VM-Programme erstellen und Umsetzung überwachen
        - Wertanalytiker - Ziele- /Anforderungsmanager - prozessuale Aufgaben
          - Anforderungen und Auswahl des Moderators
          - Aufgaben, Rechte und Pflichten des Moderators
        - Teammitglieder
          - Anforderungen an Teammitglieder
          - Aufgaben, Rechte und Pflichten
        - Aufgabensteller /Entscheider bzw. Steuerungsgremium
          - Anforderungen
          - Aufgaben, Rechte und Pflichten
    - Betrachtung externer und interner Umfeldfaktoren
      - Potentialanalyse
    - Wirksamer Einsatz von Werkzeugen und Methoden
      - Erstellen eines Qualitätsplanes
      - Messen der Projektqualität
      - Methoden der Effektivitätsmessung
      - VM-Projekt Controlling
      - Multi-Programm Koordination
  - Vermittelten Inhalte trainieren
    - Intensive Übungen
      - Potentialanalyse
      - Kommunikation, Feedback
      - Konfliktmanagement
    - Initiierung der persönlichen Veränderung
      - Eigen-, Fremdbild und Perspektiven
      - Integration der Lehrinhalte in die persönliche Arbeitssituation

- Voraussetzung zur Teilnahme
  - Nachweis über das Führen von 2 WA-Projekten
  - Hausarbeit überarbeitet entsprechend Anmerkungen aus Modul 1
    - Ergänzt mit Inhalten aus Modul1

- Prüfungen
  - Hausarbeit – mit Bewertungsbogen
  - Funktionenanalyse
  - 30 Fragen Test – Einzelarbeit

Abbildung 37 Wertanalyse Ausbildung Modul 3
Abschluss und Zertifikat Wertanalytiker

Gültigkeit der DIN EN 12 973 und Wert für Europa

DIN 69 910 und
VDI 2800 - 1989

DIN EN 12 973 und
Wert für Europa

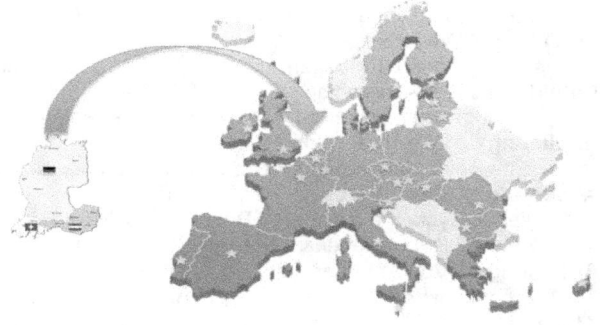

Abbildung 38 Gültigkeit DIN 69 910
DIN EN 12 973 2000-05

Verzeichnis der Abbildungen

Abbildung 1 Definition WERT 13
Abbildung 2 Vom systematischen Denkprozess zum
    WA-Arbeitsplan (DIN 69 910, DIN EN 12 973) 15
Abbildung 3 WA-Arbeitsplan DIN EN 12 973
    mit Entscheidungspunkten und Iterationen 18
Abbildung 4 WA-Arbeitsplan - Grundschritt 0
    Projekt vorbereiten 20
Abbildung 5 WA-Arbeitsplan - Grundschritt 1 und 2
    Projekt definieren – Projekt planen 25
Abbildung 6 WA-Arbeitsplan - Grundschritt 3 und 4
    Daten sammeln – Detailziele festlegen 38
Abbildung 7 Gesamtheitliche Produktsicht in der Wertanalyse ... 38
Abbildung 8 WA-Arbeitsplan - Grundschritt 5
    Lösungsideen erarbeiten 44
Abbildung 9 WA-Arbeitsplan - Grundschritt 6 - 7
    Lösungsideen bewerten – Lösung(en) auswählen 48
Abbildung 10 WA-Arbeitsplan - Grundschritt 8
    Entscheidung herbeiführen 55
Abbildung 11 WA-Arbeitsplan - Grundschritt 9
    Neues System realisieren – Projekt abschließen 61
Abbildung 12 Produktlebenszyklus und Ziele WA-Anwendung ... 68
Abbildung 13 Von Anforderungen zu
    Produkt bezogenen Funktionen (PBF) 71
Abbildung 14 Funktionenkostenmatrix 71
Abbildung 15 Das neue Prozessmodell - der **PEP-**$VR^{©}$ 73
Abbildung 16 Der *Permanente Prozess* – die Projektebasis 74
Abbildung 17 Der Ziele Entwicklungs-Prozess im **PEP-**$VR^{©}$ 76
Abbildung 18 Der Produkt Bestätigungs-Prozess im **PEP-**$VR^{©}$ ... 78
Abbildung 19 Einsatz der WA im Produktlebenszyklus
    und Typen der Entwicklung 80
Abbildung 20 Startpunkte *Basisentwicklung* 80
Abbildung 21 Arbeitsumfang und –intensität Basis- / Neu-
    Entwicklung = WERTPLANUNG 81
Abbildung 22 Startpunkt *Weiterentwicklung, Nachfolger* 82
Abbildung 23 Arbeitsumfang und -intensität Weiterentwicklung =
    WERTGESTALTUNG 83
Abbildung 24 Startpunkt *Optimierung, Redesign* 84
Abbildung 25 Arbeitsumfang und -intensität Optimierung,
    Redesign = WERTVERBESSERUNG 85
Abbildung 26 Prozesse im PEP-$VR^{©}$ 86
Abbildung 27 Rollen und deren Einbindung 89
Abbildung 28 Kompetenzschwerpunkte in der Wertanalyse 92

Abbildung 29 Anforderungsprofil Ziele-/Anforderungsmanager
= WERTANALYTIKER in der Wertanalyse 99
Abbildung 30 *Methoden* und deren Lokalisierung im **PEP**-*VR*© **100**
Abbildung 31 Werkzeuge zur Unterstützung/
Ergänzung der Wertanalyse Methoden 112
Abbildung 32 Verbesserung der Prozessreife durch
Implementierung von Wertanalyse 121
Abbildung 33 Ausbildungsstufen nach DIN EN 12 973 .... **123**
Abbildung 34 Wertanalyse Ausbildung Modul 1 .... **124**
Abbildung 35 Wertanalyse Ausbildung Modul 2 .... **125**
Abbildung 36 Wertanalyse Ausbildung Modul 3
Abschluss und Zertifikat Wertanalytiker **126**
Abbildung 37 Gültigkeit DIN 69 910 DIN EN 12 973 2000-05.. **127**

Literaturverzeichnis

CMMI® for Development, Version 1.2;
Pittsburgh: Carnegie Mellon Software Engineering Institute
CMU/SEI-2006-TR-008,ESC-TR-2006-008

Value Management DIN EN 12 973; 2002-02
Berlin: Beuth-Verlag

Value Management, Wertanalyse, Funktionenanalyse
Wörterbuch DIN EN 1325-2: 2002-02
Berlin: Beuth-Verlag

Wertanalyse/ Value Analysis VDI 2800 Blatt 1: 2009-05
Berlin: Beuth-Verlag

Wertanalytiker/ Value Manager VDI 2801 Blatt 1: 2010-05
Berlin: Beuth-Verlag

Bücher des Autors

Produkte mit PEP
V-orientiert, Ressourcenoptimiert entwickeln
ISBN 978-3-8482-2875-1

> **Produkte mit PEP**
> Methoden, Werkzeuge
> ISBN 978-3-7322-3594-0

>> **Produkte mit PEP**
>> Prozesse – Rollen - Kompetenzen
>> ISBN 978-3-7322-3769-2

*Persönliche Referenzen von
InnoVAVE-Harald Grundner*

Automotive

Anlagenbau

Dienstleistungsunternehmen

Feinwerktechnik - Medizintechnik

Chemie - Pharma

Der Autor
Harald Grundner managt seit 1985 Projekte und unterstützt Unternehmen im Bereich Entwicklung und Optimierung von Produkten und Dienstleistungen mit Wertanalyse.
Dabei baut er auf sein Studium an der TU Wien, nutzt seine praktische Erfahrung als selbständiger Konstrukteur, Projektleiter im Triebwerksbau und sein Beratungswissen aus Projekten bsph. in der Luftfahrt, der Medizintechnik, im Maschinen- und Anlagenbau und im Dienstleistungsbereich.
Neben seiner Tätigkeit als Projektleiter vermittelt er Wissen und Erfahrungen in Trainings und Seminaren. Wissen und Erfahrung hat er auch in Richtlinien zu Projektmanagement und Wertanalyse des Vereins Deutscher Ingenieure VDI eingebracht.
Seit 1988 ist er Trainer in Value Management, seit 2000 Trainer in Projektmanagement.

Der Impuls
Im Rahmen der Globalisierung haben sich Ansprüche an Produkte, Prozesse und das Denken in den Unternehmen ständig weiter entwickelt. Für den Autor ist es an der Zeit, das bewährte Werkzeug der Leistungsentwicklung die Wertanalyse in neuem Licht zu zeigen und zu schärfen.

Das Buch
Das Buch beschreibt die Methode Wertanalyse und die zu deren Einsatz benötigten Methoden und Werkzeugen. Mit der Wertanalyse können Projekte unter schwierigen Randbedingungen schnell, effektiv und effizient zum Erfolg geführt werden können.
Das Buch ist aus Sicht des Autors Handlungsanleitung für Neu-Einsteiger und Diskussionsbasis für Anwender der Methode Wertanalyse. Es richtet sich an Unternehmen, Projektmanager, Personal-Verantwortliche und Anwender – Wertanalytiker und Teammitglieder - welche den Erfolg ihres Unternehmens in der Zukunft fest im Blick haben und in der Praxis evaluierte Methoden und Prozesse umsetzen wollen.

www.ingramcontent.com/pod-product-compliance
Lightning Source LLC
Chambersburg PA
CBHW071210240526
45470CB00018B/1697